太阳能吸收式热泵
性能及经济性评价

王洪利　田景瑞　王子兵　等著

北　京
冶金工业出版社
2016

内 容 提 要

本书以太阳能吸收式热泵系统为研究对象，介绍了太阳辐射相关理论，对太阳能集热器效率和能量损失进行了计算；基于吸收式热泵原理和特点，编制了太阳能吸收式热泵性能分析程序，研究了发生温度、冷凝温度、蒸发温度和吸收温度等因素对系统性能的影响；对给定的用能面积，分别进行了冷、热负荷计算，并对储热水箱进行了数值模拟；利用模糊数学理论，对太阳能吸收式热泵安全运行和经济性进行了模糊评判，得到了影响热泵安全因素和经济性的权重因子；最后分别从设备初投资、年运行费用、年维护费用和投资回收期等方面，对太阳能吸收式热泵和几种用能方案进行了对比。

本书可供从事制冷和热泵产品设计、生产及运行的工程技术人员使用，也可供高等工科院校制冷、低温等专业本科生、研究生阅读，还可供从事能源与节能工作的科技人员参考。

图书在版编目(CIP)数据

太阳能吸收式热泵性能及经济性评价／王洪利等著 . —
北京：冶金工业出版社，2016. 5
ISBN 978-7-5024-7232-0

Ⅰ . ①太… Ⅱ . ①王… Ⅲ . ①太阳能—热泵—经济评价
Ⅳ . ①TK515

中国版本图书馆 CIP 数据核字（2016）第 090197 号

出 版 人 谭学余
地 址 北京市东城区嵩祝院北巷 39 号 邮编 100009 电话 (010)64027926
网 址 www. cnmip. com. cn 电子信箱 yjcbs@ cnmip. com. cn
责任编辑 常国平 美术编辑 彭子赫 版式设计 彭子赫
责任校对 郑 娟 责任印制 李玉山
ISBN 978-7-5024-7232-0
冶金工业出版社出版发行；各地新华书店经销；三河市双峰印刷装订有限公司印刷
2016 年 5 月第 1 版，2016 年 5 月第 1 次印刷
169mm×239mm；11 印张；216 千字；166 页
46. 00 元

冶金工业出版社 投稿电话 (010)64027932 投稿信箱 tougao@cnmip. com. cn
冶金工业出版社营销中心 电话 (010)64044283 传真 (010)64027893
冶金书店 地址 北京市东四西大街 46 号(100010) 电话 (010)65289081(兼传真)
冶金工业出版社天猫旗舰店 yjgycbs. tmall. com
（本书如有印装质量问题，本社营销中心负责退换）

前　　言

　　目前，能源和环境已成为制约人类社会可持续发展的关键问题，能源产品在其燃烧过程中产生的粉尘、有害气体和其中的微量重金属使得雾霾、酸雨等灾害天气频发，严重危害自然生态系统，更威胁人类的食物供应和居住环境，一场席卷全球的能源环境危机正在爆发。因此，提高能源利用效率、调整能源结构、开发和利用可再生能源将是能源发展的必然选择。

　　随着经济发展和人们生活水平的提高，人类对居住环境的舒适性和健康性要求日益提高，暖通空调、热水供应等生活设施日益完善，建筑对能源的需求正在逐渐地加大。近年来，暖通空调能耗与电力需求之间的矛盾十分尖锐，我国多地区都出现空前的用电紧张现象，暖通空调能耗已经严重影响到了人们的正常生活和生产，建筑节能，特别是暖通空调的节能，已经迫在眉睫。另一方面，热泵为重要的节能减排技术，越来越多的国家及政府企业意识到热泵的环保效益，市场前景十分广阔。在我国东北、华北等采暖地区，由于空气质量问题，许多城市开始采用热泵取代燃煤锅炉，而在南方非采暖地区，也有采用空气源热泵和水源热泵采暖的趋势。热泵的广泛应用，使得人们开始关注热泵机组的耗能，如何利用可再生能源来提高机组能效成为了本领域的前沿课题。

　　太阳能属于一种可再生的清洁能源，分布广、储量大，同时具有很强的季节性和地域性。太阳能直接加热热水用于生活所用或冬季供暖，产生的热水波动很大，遇到极冷低温或阴雨天气甚至不能利用。吸收式热泵利用的是中低温余热，余热温度一般均在150℃以下，而这部分余热资源采用传统方法很难加以回收利用。综合太阳能和吸收式热泵特点，可以将太阳能经集热器产生一定温度的热水，这部分热水温度夏季时可以达到80~90℃，冬季也能达到50~60℃。将太阳能集热器产生的热水储存在储热水箱中，用于吸收式热泵发生器热源，系统设有辅助热源加热弥补冬季或阴雨天气太阳能热水温度的不足。太阳能和吸收式热泵联合用能系统可以满足冬季制热和夏季制冷的需求，同时也提高了联合系统的效率。

本书以太阳能吸收式热泵系统为研究对象，采用理论分析和数值模拟方法，对影响太阳能热泵系统的因素进行了分析，旨在提高系统性能。全书共分 7 章，介绍了太阳辐射相关理论，对太阳能集热器效率和能量损失进行了计算；基于吸收式热泵原理和特点，编制了太阳能吸收式热泵性能分析程序，研究了发生温度、冷凝温度、蒸发温度和吸收温度等因素对系统性能的影响；对给定的用能面积，分别进行了冷、热负荷计算，并对储热水箱进行了数值模拟；利用模糊数学理论，对太阳能吸收式热泵安全运行和经济性进行了模糊评判，得到了影响热泵安全因素和经济性的权重因子；最后分别从设备初投资、年运行费用、年维护费用和投资回收期等方面，对太阳能吸收式热泵和几种用能方案进行了对比。

本书由田景瑞负责撰写第 1、8 章，贾宁负责撰写第 2 章，唐琦龙负责撰写第 3、5 章，王洪利负责撰写第 4、7 章，王子兵负责撰写第 6 章。路聪莎、杜远航、刘馨和张率华负责资料整理工作。王洪利负责全书统稿工作。

本书的出版得到了华北理工大学现代冶金技术省重点实验室和河北省自然科学基金项目（E2015209239）的资助。感谢所有为本书研究提供文献的国内外作者。

信息时代数据更新很快，如煤炭价格、电价和人工费用等因素波动较快，维修费用也会因使用情况有所不同，书中用能方案对比分析结果可能会与实际存在偏差。但本书介绍的计算方法以及从几种用能方案对比分析中获得的规律，可用于指导生产。

由于作者水平所限，书中难免存在不妥之处，敬请广大读者批评指正。

作　者

2016 年 2 月

目　　录

1 绪　　论

1.1　研究背景

目前，能源和环境问题已经成为制约人类社会高速发展的主要问题，在社会各种关系中，人与自然的和谐发展显得日益重要与紧迫。酸雨、植被破坏、温室效应、臭氧层空洞、海洋污染等诸多生态环境问题已经成为全球关注的焦点。为推动经济、社会和环境的友好发展，节能和环保已经成为 21 世纪全球共同关注的首要问题[1]。

我国的经济发展近年来增速平稳，GDP 每年都基本保持了 8% 的增长速度，有些年份增速超过了 10%。经济增长速度虽然是可喜的，但是我国经济增长的粗放型方式却依然没有改变，单位 GDP 的能耗比发达国家还是要高很多，日本的 GDP 单位能耗强度只是我国的 1/6。随着经济的飞速发展，我国消耗的能源数量已经跃居世界前列。

在社会总能耗中建筑能耗所占的比重正在逐年增大，建筑能耗主要包括家用电器、建筑的制冷与供暖等，所占比重已经达到社会总能耗的 1/3，所以对降低建筑能耗问题的研究潜力巨大。对于制冷空调行业，由于本身耗能加之传统制冷剂对环境的破坏，节能和制冷剂替代成为本领域的前沿课题，引起国内外专家学者和科技人员越来越多的关注；同时，越来越多的国内外资金项目也加大了对该领域前沿性和创新性研究的资助力度。

虽然我国自然资源储量丰富，但是由于我国人口基数大，人均资源占有量较世界人均水平低 50%。预计到 2030 年我国能源短缺量达到 2.5 亿吨标准煤，到 2050 年约为 4.6 亿吨标准煤，将占世界煤炭消费总量的一半以上[2]；我国目前国内石油对需求的保证有 40% 的缺口，按照目前的发展趋势，预计到 2020 年我国石油进口量将达到 2.5 亿吨，对进口石油的依赖程度达到 60%[3]。所以无污染的太阳能等清洁能源的开发与利用引起了广泛关注。

1.1.1　环境保护和可持续发展

在人类社会高速发展的今天，全球范围内的能源和环境问题越发显得重要和迫切。人类在享受丰富物质生活的同时，也对环境造成了很大破坏。正如恩格斯在《自然辩证法》[4]中所说的："我们不要过分陶醉于我们对自然界的胜利。对于每一次这样的胜利，自然界都报复了我们。"人类在享受生产力巨大发展所带来的丰厚回报的同时，也遭到自然界的无情报复。1962 年，Rachel Carson 的《寂静的春天》，揭开了人与自然共同生存问题的思考[5]；1972 年 3 月，罗马俱乐部发表的《增长的极限》研究报告，深入分析了人与自然之间的关系，指出自然资源是有限的，人类必须自觉地抑制增长，否则将使人类社会陷入崩溃[6]。"我们不只是继承了父辈的地球，而是借用了儿孙的地球"——这句话寓意深刻，《联合国环境方案》曾用这句话来告诫世人。1972 年 6 月，在瑞典斯德哥尔摩召开的联合国人类环境会议（United Nations Conference on the Human Environment）是世界环境保护运动史上一个重要的里程碑。它是国际社会就环境问题召开的第一次世界性会议，标志着全人类对环境问题的觉醒。1972 年出版的《只有一个地球》[7]一书为可持续发展观奠定了理论基础。1981 年，美国学者布朗在《建设一个可持续发展的社会》的著作中首次使用并阐述了"可持续发展"的新观点[8]。1987 年，联合国环境与发展大会（UNCED）的报告《我们共同的未来》对可持续发展进行了明确定义。

1992 年联合国环境与发展大会（UNCED）通过了《21 世纪议程》报告，并最终促进了 1997 年《京都议定书》的签订[9]。中国政府于 1994 年 3 月通过了《中国 21 世纪议程》，其战略目标确定为"建立可持续发展的经济体系、社会体系和保持与之相适应的可持续利用资源和环境基础"。

1.1.2 臭氧层破坏和温室效应

常规制冷剂对环境的影响主要表现在对臭氧层破坏和产生温室效应。臭氧层破坏和温室效应表现在臭氧含量不断减少和 CO_2 浓度不断增加，这将会对人类居住的环境产生巨大的影响，甚至是灾难性后果[10]。臭氧层破坏和温室效应已经成为全球共同关注的问题。

臭氧层破坏和温室效应已经成为国际间的共同问题，增强环境保护意识，走社会可持续发展的道路，已经成为必然选择的途径。在开展环保制冷剂的替代研究中，启用自然工质不失为一条最安全的途径[11]。

1.1.3 吸收式热泵常用工质对

吸收式热泵常用工质对有溴化锂 – 水和氨 – 水两种。在溴化锂 – 水吸收式热泵工质对中，溴化锂为吸收剂，水为制冷工质；在氨 – 水吸收式热泵工质对中，水为吸收剂，氨为制冷工质。

1.1.3.1 溴化锂的物理化学性质

（1）化学式：LiBr；相对分子质量：86.856。

（2）成分：Li 为 7.99%，Br 为 92.01%。

（3）密度：25℃时，3464kg/m³，熔点：549℃，沸点：1265℃。

（4）溴化锂溶液是无色透明的，对金属有腐蚀性。

表 1-1 给出了溴化锂溶液的温度-密度参数。

表 1-1 溴化锂溶液的温度-密度参数

ξLiBr/%	温度 t/℃											
	10.0	20.0	30.0	40.0	50.0	60.0	70.0	80.0	90.0	100.0	110.0	120.0
	密度 ρ/kg·m⁻³											
40.0	1390	1385	1379	1374	1369	1363	1358	1353	1348	1342	1337	—
42.0	1417	1412	1406	1401	1396	139	1385	1380	1375	1369	1364	1359
44.0	1446	1440	1435	1429	1424	1418	1412	1407	1402	1396	1391	1386
46.0	1476	1470	1465	1459	1454	1448	1443	1438	1432	1427	1421	1416
48.0	1506	1500	1495	1489	1484	1478	1472	1467	1462	1456	1450	1445
50.0	1540	1534	1528	1522	1516	1510	1505	1499	1493	1487	1482	1476
52.0	1574	1568	1562	1556	1550	1544	1538	1532	1526	1520	1514	1508
54.0	1611	1604	1598	1592	1586	1579	1573	1567	1561	1555	1549	1542
56.0	1650	1643	1637	1631	1624	1618	1612	1605	1599	1593	1587	1580
58.0	1690	1683	1677	1670	1663	1657	1650	1643	1637	1631	1624	1619
60.0	—	1725	1718	1711	1704	1698	1691	1685	1678	1672	1666	1659
62.0	—	—	—	1755	1749	1742	1736	1729	1723	1717	1711	1704
64.0	—	—	—	1805	1799	1792	1786	1779	1773	1767	1760	1754
66.0	—	—	—	—	—	1838	1832	1806	1819	1813	1806
67.0	—	—	—	—	—	—	1870	1860	1851	1841	1832

1.1.3.2 氨的物理化学性质

（1）氨气在标准状况下的密度为 0.771g/L。

（2）氨气极易溶于水，溶解度 1:700。

（3）临界点：133℃，11.3atm（1atm = 101325Pa）。

（4）蒸气压：在 4.7℃时，506.62kPa，熔点：-77.7℃，沸点：-33.5℃。

（5）化学性质稳定，有毒气体。

1.1.3.3 水的物理化学性质

（1）分子式：H_2O；相对分子质量：18.016；沸点：100℃；冰点：0℃。

（2）最大相对密度，温度为 3.98℃时，比热容：4.186J/(g·℃)；0.1MPa、15℃时，比热容：2.051J/(g·℃)；0.1MPa、100℃时，密度：1000kg/m³。

（3）临界压力为 22.129MPa、临界温度为 374.15℃，临界比容为 0.0031m³/kg。

（4）纯净的水是无色、无味、无臭的透明液体。

1.1.4　太阳能热泵联合应用技术

太阳能属于一种可再生的清洁能源，分布广、储量大，同时具有很强的季节性和地域性。太阳能直接加热热水用于生活所用或冬季供暖，产生的热水波动很大，遇到极冷低温或阴雨天气甚至不能利用。吸收式热泵利用的是中低温余热，余热温度一般均在150℃以下，而这部分余热资源传统方法很难加以回收利用。综合太阳能和吸收式热泵的特点，可以将太阳能经集热器产生一定温度的热水，这部分热水温度夏季时可以达到80～90℃，冬季也能达到50～60℃。将太阳能集热器产生的热水储存在储热水箱中，用于吸收式热泵发生器热源，系统设有辅助热源加热弥补冬季或阴雨天气太阳能热水温度不足。太阳能和吸收式热泵联合用能系统可以满足冬季制热和夏季制冷需求，同时也提高了联合系统的效率。

1.2　太阳能的特点及利用技术

1.2.1　太阳能的特点

太阳向宇宙空间发射的辐射功率为 3.8×10^{23} kW 的辐射值，其中二十亿分之一到达地球大气层。到达地球大气层的太阳能，30% 被大气层反射，23% 被大气层吸收，47% 到达地球表面，其功率为 8×10^{13} kW，也就是说太阳每秒钟照射到地球上的能量就相当于燃烧500万吨煤释放的热量。全球人类目前每年能源消费的总和只相当于太阳在40min 内照射到地球表面的能量。

太阳能是储量巨大、可再生的清洁能源，在地球已经经历过的数十亿年中，太阳能只向外界辐射了其自身能量的 2%。如果人类能够充分开发利用太阳能，完全可以供给人类几十亿年使用，而且太阳能对环境的危害几乎为零，也不会排放任何温室气体，是人类在以后发展中需要充分开发利用的清洁可再生能源。

太阳能在通过大气层时能量会被耗散，受到空气问题以及气候等多种因素的影响。由于上述所描述的特点，要求太阳能利用设备有较大的集热器面积。为了降低太阳能供给热量的间歇性，太阳能系统还应装备储热装置，这些让太阳能热利用系统的初期设备投资变得很大。由于需要供给普通建筑的供暖用水及生活热水温度不要求很高，采用太阳能热利用设备可以做到热能能级的合理匹配和调控。

1.2.2　太阳能利用形式

太阳能常见利用形式主要概括为如下几方面：

（1）被动式太阳房区别于主动式太阳房。被动式太阳房不需要任何机械与动力设备。被动式太阳房的设计要考虑建筑物的朝向、当地太阳高度角的大小、外围护的结构及材料、建筑内部空间及蓄热材料的选择，使建筑物本身能够高效地收集、存储和分配太阳辐射能，无需辅助热源，并且达到冬季采暖、夏季遮阳降温的作用。按不同的采集太阳能的方式，被动式太阳房大致可分为直接收益式太阳房、集热 - 蓄热墙式太阳房、附加阳光间式太阳房、屋顶池式太阳房和直接收益窗和集热墙组合式太阳房。

（2）太阳能集热器吸收太阳辐射，将有效热能传给传热工质，并且最大限度地保证吸收的热量不再散失，传热工质多选择液态物质或空气[12]。太阳能集热器的工作温度范围广，在生活、工业、娱乐业等场所采暖、供热水等诸多领域中已经广泛应用了太阳能集热器。从中国国内市场来看，一半以上的太阳能系统中应用的是真空管式集热器。平板型集热器在耐久性、适用工况、耐压上还不及真空管集热器。但是平板型太阳能集热器造价低廉、故障率低、热传递性及与传热介质的相容性较好[13]，应进一步提高平板型太阳能集热器的效率以及透明盖板、吸热板的加工工艺。

（3）太阳能热水器是世界太阳能热利用产业中的骨干。太阳能热水器的使用，能大幅缓解由于热水消耗量的增加而引起的能源供应压力和环境压力[14]。太阳能热水器代替电热水器，每平方米采光面积节电 300kW·h/a，削弱了城市的晚间用电高峰。但是，现有许多太阳能热水器的功能还不完善，品种、规格、尺寸等都不满足建筑的要求，承载、防风、避雷等安全措施不够健全[15]。为了使太阳能热水系统成为民用建筑的配套设备，科研人员在最大限度地优化太阳能热水系统的产品结构功能、热水系统与建筑整合设计、太阳能与常规能源的匹配等方面进行了研究。

（4）太阳能采暖系统就是一种主动式的太阳能热利用系统，由太阳能集热器、蓄热设备、辅助热源和循环水泵等设备组成，可以吸收、存储太阳能，达到连续采暖的效果。但是，系统的运行温度较低，因为太阳能集热器的效率随着运行温度的升高而降低。我国大部分冬季需要采暖的地区，目前大多广泛使用的是短期蓄热的太阳能采暖系统，太阳能保证率在 20% ~40%[16] 之间。预计到 2020 年，我国新建的节能建筑中，约 10% 的建筑中应用太阳能采暖系统，每年可节约 660 万吨标准煤。

1.2.3 我国太阳能的分布

我国太阳能光照资源丰富，全国 60% 以上的地区年辐射总量大于 $5020MJ/m^2$，年平均日照小时数大于 2000h。我国太阳能资源划分见表 1 - 2[17]。

我国大部分省市太阳能资源都比较丰富，尤其是在我国西北部，如青海、新疆、西藏等地区；而我国人口密度比较大的中东部，如河北、北京、山东、山西也是太阳能分布比较丰富的地区。如果太阳能利用技术能够在这些省市大规模发展利用，节约的一次能源耗费和减少的污染物排放将是十分巨大。

由我国气象局风能太阳能资源中心数据，图 1 - 1 为我国年平均太阳能总辐射量月变化，图 1 - 2 为我国年平均太阳能直接辐射总量月变化，图 1 - 3 为我国年平均太阳能直射比月变化，图 1 - 4 为我国年平均日照时数总量月变化。

表 1 - 2   我国太阳能资源分布表

类型	日照/h·a⁻¹	年辐射/MJ·m⁻²	等量热量所需标准燃煤/kg	主 要 地 区	备 注
一类	3200 ~ 3300	6680 ~ 8400	225 ~ 285	宁夏北部，甘肃北部，新疆南部，青海西部，西藏西部	最丰富地区
二类	3000 ~ 3200	5852 ~ 6680	200 ~ 225	河北西北部，山西北部，内蒙古南部，宁夏南部，甘肃中部，青海东部，西藏东南部，新疆南部	较丰富地区
三类	2200 ~ 3000	5016 ~ 5852	170 ~ 200	山东，河南，河北东南部，山西南部，新疆北部，吉林，辽宁，云南，陕西北部，甘肃东南部，广东南部	中等地区
四类	1400 ~ 2000	4180 ~ 5016	140 ~ 170	湖南，广西，江西，浙江，湖北，福建北部，广东北部，陕西南部，安徽南部	较差地区
五类	1000 ~ 1400	3344 ~ 4180	115 ~ 140	四川大部分地区，贵州	最差地区

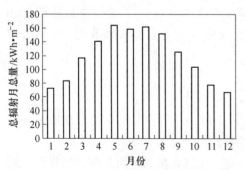

图 1 - 1   我国年平均太阳能总辐射量月变化
（1978 ~ 2007 年）

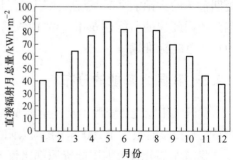

图 1 - 2   我国年平均太阳能直接辐射总量月变化
（1978 ~ 2007 年）

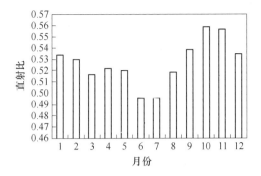

图 1-3　我国年平均太阳能直射比月变化
（1978~2007 年）

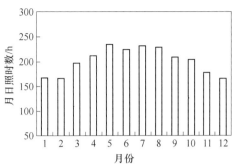

图 1-4　我国年平均日照时数总量月变化
（1978~2007 年）

我国属太阳能资源丰富的国家之一，全国总面积 2/3 以上地区年日照时数大于 2000h，年辐射量在 5000MJ/m² 以上。据统计资料分析，中国陆地面积每年接收的太阳辐射总量为 $3.3 \times 10^3 \sim 8.4 \times 10^3 MJ/m^2$，相当于 2.4×10^4 亿吨标准煤的储量。

根据国家气象局风能太阳能评估中心划分标准，我国太阳能资源地区分为以下四类[18]：

（1）一类地区（资源丰富带）。全年辐射量在 6700~8370MJ/m²，相当于 230kg 标准煤燃烧所发出的热量。主要包括青藏高原、甘肃北部、宁夏北部、新疆南部、河北西北部、山西北部、内蒙古南部、宁夏南部、甘肃中部、青海东部、西藏东南部等地。

（2）二类地区（资源较富带）。全年辐射量在 5400~6700MJ/m²，相当于 180~230kg 标准煤燃烧所发出的热量。主要包括山东、河南、河北东南部、山西南部、新疆北部、吉林、辽宁、云南、陕西北部、甘肃东南部、广东南部、福建南部、江苏中北部和安徽北部等地。

（3）三类地区（资源一般带）。全年辐射量在 4200~5400MJ/m²，相当于 140~180kg 标准煤燃烧所发出的热量。主要是长江中下游、福建、浙江和广东的一部分地区，春夏多阴雨，秋冬季太阳能资源还可以。

（4）四类地区。全年辐射量在 4200MJ/m² 以下。主要包括四川、贵州两省。此区是我国太阳能资源最少的地区。

一、二类地区，年日照时数不小于 2200h，是我国太阳能资源丰富或较丰富的地区，面积较大，约占全国总面积的 2/3 以上，具有利用太阳能的良好资源条件。

1.2.4　世界太阳能的分布

世界太阳能资源丰富的地区主要集中在非洲、南美洲、欧洲大部分地区和亚洲大部分区域。北非地区是全球太阳辐照最强的区域。中东几乎所有国家太阳能辐射能量都很高。

美国也是世界太阳能资源最丰富的地区之一[19]。全国一类地区太阳年辐照总量为 9198 ~ 10512MJ/m²；二类地区太阳年辐照总量为 7884 ~ 9198MJ/m²；三类地区太阳年辐照总量为 6570 ~ 7884MJ/m²；四类地区太阳年辐照总量为 5256 ~ 6570MJ/m²；五类地区太阳年辐照总量为 3942 ~ 5256MJ/m²。澳大利亚的太阳能资源也很丰富。全国一类地区太阳年辐照总量为 7621 ~ 8672MJ/m²；二类地区太阳年辐照总量为 6570 ~ 7621MJ/m²；三类地区太阳年辐照总量为 5389 ~ 6570MJ/m²；四类地区太阳年辐照总量也几乎都高于 6570MJ/m²。

1.3 太阳能吸收式热泵系统组成及研究现状

1.3.1 系统组成

太阳能吸收式热泵系统包括太阳能系统部分和吸收式热泵系统部分。太阳能系统部分主要由集热器、储热水箱、循环水泵和仪表管路等组成；吸收式热泵系统部分主要由发生器、冷凝器、节流阀、蒸发器、吸收器和仪表管路等组成。太阳能系统工质为 H_2O，吸收式热泵系统工质对常用的有 $LiBr - H_2O$ 和 $NH_3 - H_2O$ 两种。

1.3.2 太阳能集热器和储热水箱研究现状

韩延民等[20]建立了太阳能集热器非稳态数学模型，如图 1-5 所示。以工程实例为研究对象，借助于 TRNSYS 软件，分析了不同集热器类型、集热面积、水箱容积和水箱流量对太阳能集热系统性能的影响。对于特定供热量的集热系统，集热器类型与相应的集热器面积是保证系统热力指标的关键，优化设计可以进一步减少投资，同时也提高了系统的综合性能。集热器和水箱的优化匹配设计有利

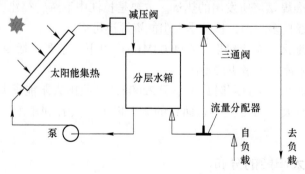

图 1-5 太阳能集热系统非稳态数学模型

于提高集热系统的能量转换效率。水箱的变流量系统设计可以比定流量系统提高10%~20%的集热效率。

李戬洪等[21]开发出了一种高效的太阳能平板集热器,这种新型集热器在吸热板上方加装一块聚碳酸酯(PC)透明隔热板。在不影响透光的情况下,减少集热器内对流散热损失,平板集热器热损系数仅为2.90W/(m²·℃),而且这种集热器加工简单、价格低廉、利于推广。

郑宏飞等[22]对窄缝高真空平面玻璃进行了研究。主要是将两块普通平板玻璃之间的狭缝抽成高度真空。窄缝高真空平面玻璃具有比双层玻璃好得多的透明隔热性能,即使在太阳辐照强度较弱的地区,集热器的热性能也较为突出。在500~700W/m²的太阳光照强度范围内,真空玻璃作盖板的集热器能达到近140℃,比普通双层玻璃盖板的温度高15~20℃。

邓月超等[23]采用数值模拟技术分析了太阳能平板式集热器内空气夹层与自然对流散热损失的关系。在其他参数相同条件下,分别采用不同空气夹层厚度,计算出自然对流散热损失。结果表明,当空气夹层厚度为3cm时,自然对流散热损失最小。图1-6给出了45°倾角下的对流换热系数随吸热板温度的变化。

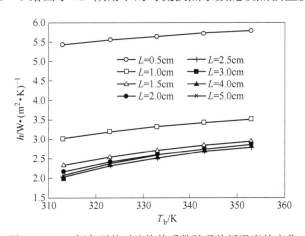

图1-6　45°倾角下的对流换热系数随吸热板温度的变化

丁刚等[24]采用CFD方法对传统平板集热器内部的流场和温度场进行了模拟。发现集热器内存在流场和温度场不均匀现象,提出了改进方案,将传统集热器对角进出改成多进出口。结果表明,在相同条件下,集热器的瞬时效率增加约20%。集热器模拟与试验数据对比如图1-7所示。

张涛等[25]采用Fluent软件对全玻璃真空管太阳能热水器进行了数值模拟,分析热水器内流场与温度场的分布。结果表明,在真空管与热水箱连接处存在涡流,影响了换热效果,因此建议加装导流板,进而确定最佳导流板长度为160cm。夏佰林等[26]研究了折流板型平板空气集热器的热性能。通过对集热器损失系数、肋效率、空气流动等因素的分析，得出了集热器热效率方程。集热器结构如图1-8所示。

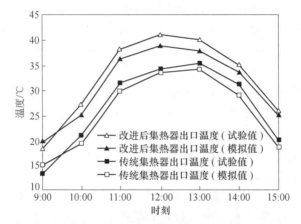

图1-7 传统平板与改进后集热器模拟与试验数据对比

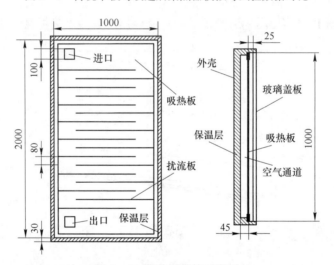

图1-8 集热器结构示意图

张东峰等[27]开发了一种高效的太阳能空气集热器。面对市场上无高效平板空气集热器现状，研究人员通过 ANSYS 软件和 APDL 计算机语言对太阳能平板空气集热器的结构参数进行优化，同时，考虑到市场现有材料外形与运输安装的实际情况。最终，开发出最优尺寸为 4.2m×2m×0.2m、面积为 8.4m² 的结构单元。

太阳能水箱作为太阳能热水系统的储热设备，在系统中具有能量储存和调节的功能，其储热性能直接影响着整个系统的运行。好的储热水箱不仅要满足热负荷要求，减少辅助加热量，还应能够降低集热器进口温度，提高太阳能集热效率。目前，国内外对太阳能储热水箱的研究主要集中在以下两方面：一是提高水箱内的水温分层，减少冷热水混合程度；二是为了实现分层加热，对储热水箱的构造设计改进。

张慧宝[28]等以挡板将卧式水箱分层为上、中、下三个区域，并在三个腔中分别设置电热管，以此根据用户用水需要开启相对应的电热管。蔡贞林等[29]将太阳能热水系统水箱的两部分，下部分内设置换热盘管，以换热工质加热下部分水箱内的冷水，并将加热的水通往上部的水箱，用以储存。蔡文玉[30]基于 CFD 模拟优化了一种新型太阳能分层加热储热水箱。利用 Fluent 软件对新型分层加热水箱进行正交模拟，并通过二维、三维模拟技术搭建实验平台，对模拟结果进行验证，解决了储热水箱的容积与合理利用电能之间的矛盾问题。同时减小了储热水箱内冷热水混合程度，减少或者避免因为加热过多水量而造成热能的浪费，提高了整个系统的效率。

陈丹丹[31]设计了一种新型分层换热储热装置，从而避免了传热工质直接进入储热水箱破坏其内部稳定的环境，提高了储热水箱的温度分层效果。建立了太阳能集热、储热、供暖的实验系统，用完整的计算机数据采集和监控系统对实验数据进行了记录。建立了分层储热的换热水箱，并且将弹簧式的换热器换为可以提升温度分层效果的阿基米德螺旋线样式的新型结构，如图 1 - 9 所示。换热储热实验表明，换热储热水箱上下层的温差最高可以达到 26.7℃，在整个储热水箱的储热过程中，水箱内部都保持良好的温度分层，其上下层的温差范围在 15 ～ 30℃之间，系统运行稳定。

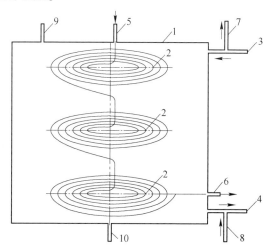

图 1 - 9　分层换热水箱结构示意图

1—储热水箱；2—换热盘管；3—来自集热器的热水管进口的出口；4—去向
集热器的水；5—换热盘管进水口；6—换热盘管出水口；7—去向用户的
热水管出口；8—来自用户的低温水进口；9—排气阀；10—排污口

利用实验和模拟相结合的方法，文献［32］对水箱内换热情况进行了研究。探索出一种用 Fluent 软件模拟水箱三维瞬时运行特性的方法。实验表明，储热水箱放热效率随着流速的增大而减小。对于相同规格的水箱，出入口同侧水箱的掺混程度比异侧水箱小，同侧水箱的温度分层度高。张森等[33]针对冬夏热量平衡问题，提出了地下保温措施改进方案，利用地下温度的相对稳定性，将太阳能系统的保温水箱置于地下，然后在水箱周围填充聚氨酯作为保温层，最外层与土壤接触的地方填充防水材料，来减少热量损失。并且利用 Fluent 软件对系统的散热情况进行分析，得出季节因素对保温效果影响较大。

崔俊奎等[34]针对地下保温时储热水箱的位置布置问题，进行了进一步的讨论。利用 Fluent 软件对太阳能储热水箱散热进行了数值模拟和计算，得出在不同工况下，储热水箱周围土壤的温度场分布。同时，建立地下储热水箱的物理模型和数学模型，分析地下储热水箱的换热特性，并以北方某村镇的供暖为实例，验证其地下储热水箱全年散热量和储能量，获得水箱顶板损失量与总散热量关系。计算结果表明，在相同工况下，冬季室外储热水箱能量的散失量远高于室内，室内地下储热水箱顶部散热量减少，因此该方式可以用来抵消这部分能量所需的集热器面积的减少，提高储热水箱的储热效率以及减少用户投资。图 1－10 给出了储热水箱各部分散热损失之间的关系。

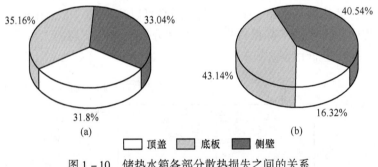

图 1－10　储热水箱各部分散热损失之间的关系
(a) 室外水箱损失量；(b) 室内水箱损失量

太阳能储热水箱的研究近几年逐渐受到学者的重视，针对储热水箱的专利研究也逐渐多了起来。2010 年胡家军[35]申请通过了分体式太阳能储热水箱专利，将传统水箱用间隔板隔成两个储水空间，各储水空间均有独立的进水及排气系统，且各储水空间采用不同的集热管加热方式对冷凝水进行加热。由于具有两个储水空间，并且两水箱之间设置有单向阀，可根据需要选择性使用一个或者同时使用两个，对储热水箱进行加热供水，提高了加热速度，耗电大大降低。分体式储热水箱设计时，左右水箱采用不同的集热管加热方式进行加热，将集热管串联加热及并联加热方式的优点集于一身。

2015 年张孝德[36]申请通过了自带换热介质的太阳能储热水箱专利。克服现有技术的弊端，结构设计合理，天然硅胶橡塑管可将出水管与内胆内的水通过保温隔热套隔离，减少相互之间的热交换；盘管为陶瓷管，耐腐蚀性能好，使用寿命长，底部设置有感应探头，当污垢积累过多时能实现自动排污。2015 年唐文学等[37]申请通过了新型壁挂式太阳能储热水箱专利，克服了无法清晰地看到换热介质的缺陷，提供一种能清晰地看到换热介质灌液位的装置，避免注液时换热介质从注液口溢出。换热夹套中的液位到达或低于显示器的最低刻度线时，能及时添加换热介质，以及介质变质时能及时更换新的介质。

Ghadder 等[38]对比了储热水箱在水温理想分层与冷热水完全混合两种情况下的储热性能，得出水温理想分层的水箱的储热效率比完全混合的水箱高 6%，整个太阳能热水系统的工作效率提高了 20%。Knudsen[39]指出在小型太阳能热水系统中，若水箱底部 40% 的水是混合不分层的，则热水系统的太阳能净用率降低10% ~16%。Castell 等[40]通过实验讨论了水箱在几种不同流速的放水过程中的温度分层特性。并且用一些无量纲参数研究水箱的温度分布，提出了适用于描述温度分层的无量纲参数，同时研究了立式水箱中有相变材料与无相变材料的温度分布规律。Madhlopa 等[41]讨论了水箱之间的连接对温度分层的影响。研究对象是一个有着两个卧式水箱的太阳能热水器。在比较了水温变化、集热效率和夜间热损失等参数后，得出了一种对于温度分层最有效的连接方式。

1.3.3　太阳能吸收式热泵国内研究现状

土壤源热泵对环境的影响主要表现在随着热泵机组运行，土壤的温度会逐渐升高。文献［42］对土壤源压缩式热泵和土壤源吸收式热泵在中国寒冷地区的应用进行了对比分析。10 年运行结果表明，在满足制冷和制热双重功能下，利用土壤源吸收式热泵方案土壤温度没有显著变化，表明土壤源吸收式热泵具有很好的热平衡性。在仅要求制热工况下，土壤源吸收式热泵方案的土壤温度平均比土壤源压缩式热泵方案温度高 4 ~6℃。图 1 – 11 所示为土壤源吸收式热泵系统原理。

文献［43］对一种新型的双级耦合的空气源吸收式热泵和单级空气源吸收式热泵在寒冷地区的应用进行了对比。不同环境温度下，两种吸收式热泵的制冷量和节能效率对比表明，双级耦合的空气源吸收式热泵具有稳定的一次能源效率和较高的制热量，其节能率在 20% 以上。

文献［44］对一种多级相变储热的太阳能吸收式热泵进行了研究。新型热泵系统制冷量 10kW，单平板集热器需要 91m²，全玻璃真空管集热器，热管集热器，复合抛物型真空管集热器。考虑建筑物负荷和热泵生产成本，单平板集热器效果最好。相同条件下，多级相变储热的太阳能吸收式热泵性能是单级储热热泵性能的 1.3 ~2.4 倍。当太阳辐射强度在 0.8kW/m² 以上时，多级相变储热的太阳能吸收式热泵性能随储热材料熔点的增加而增加。

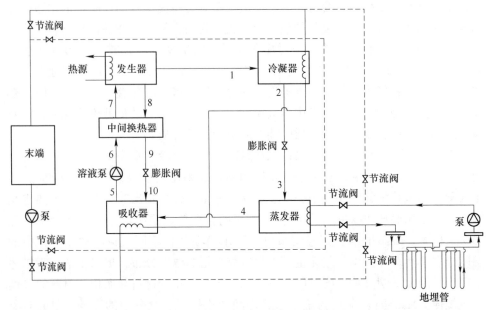

图 1 - 11　土壤源吸收式热泵系统原理

文献 [45] 对相变储热的太阳能吸收式热泵系统进行了研究。结果表明，面积为 $100m^2$ 的太阳能集热器，全天制冷量可达 9kW。

燃气热泵具有稳定运行和高效率特点，但天然气消耗较高。太阳能热泵属于清洁和节能设备，但很难稳定连续运行。文献 [46] 对太阳能和天然气耦合的吸收式热泵性能进行了研究。当太阳能辐射强度较高时，耦合系统驱动热源为太阳能；当太阳能辐射强度较低或太阳能热水温度较低时，驱动热源为燃气。无论何种工况下，太阳能均作为优先的驱动热源。测试结果表明，与燃气热泵相比，耦合热泵系统燃气消耗节约率为 49.7%。

压缩式土壤源热泵在制冷模式下性能较好，而吸收式土壤源热泵在制热模式下性能较好。为提高土壤源热泵综合性能，文献 [47] 对吸收式土壤源热泵和压缩式土壤源热泵耦合系统进行了研究。与传统压缩式土壤源热泵相比，耦合系统年能源一次效率提高 10.9% ~ 34.6%，一次节能为 9.8% ~ 25.7%；与燃煤能源方案相比，生命周期成本减少 3.7% ~ 22.0%；与燃气能源方案相比，生命周期成本减少 4.1% ~ 12.1%。图 1 - 12 给出了吸收式土壤源热泵和压缩式土壤源热泵耦合系统原理。

当环境温度较低时，空气源热泵性能较差，甚至不能工作。文献 [48] 设计了太阳能 - 空气能的复合热源热泵系统并进行了性能研究。基于集总参数法，建立了太阳能集热器、蒸发器、压缩机和气体冷却器的稳态模型；对使用制冷剂 R22、R134a 和 R744 的耦合系统的压缩机耗功、系统性能和太阳能贡献率进行了对比。当环境温度在 13℃以下时，系统性能为 R744 > R134a > R22；当环境温度在 13℃以上时，系统性能为 R134a > R744 > R22。图 1 - 13 给出了太阳能 - 空气能复合热源热泵系统。

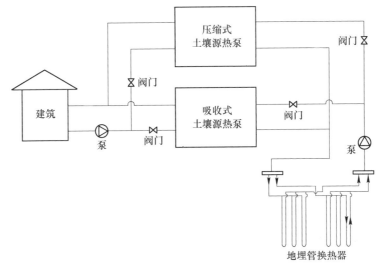

图 1 - 12 吸收式土壤源热泵和压缩式土壤源热泵耦合系统原理

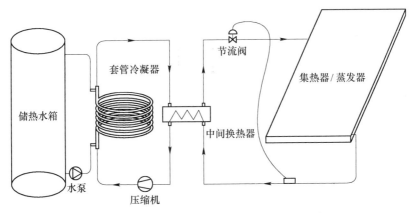

图 1 - 13 太阳能 - 空气能复合热源热泵系统

为了同时满足冬季供暖和生活热水需求，文献［49］对单级和双级的空气源和土壤源吸收式热泵进行了分析。选用的工质对分别为 $NH_3 - H_2O$、$NH_3 - LiNO_3$ 和 $NH_3 - NaSCN$，研究发生温度、蒸发温度和冷凝温度对系统性能的影响。结果表明，$NH_3 - LiNO_3$ 吸收式热泵系统需要较低的发生温度和蒸发温度，而对冷凝温度要求较高。与单级循环相比，双级循环可以利用较低的驱动热源，并且产生较高的热水。图 1 - 14 所示为单级和双级空气源 - 土壤源吸收式热泵原理。

文献［50］对功率为 50kW 的 $LiBr/H_2O$ 吸收式热泵系统性能进行了研究。

结果表明，当发生温度由 95℃ 增加到 120℃ 时，系统性能由 0.69 增加到 1.08。另外，对冷冻水温度、冷却水温度、泵的功率和节流阀开度等对吸收式热泵系统性能的影响也进行了分析。

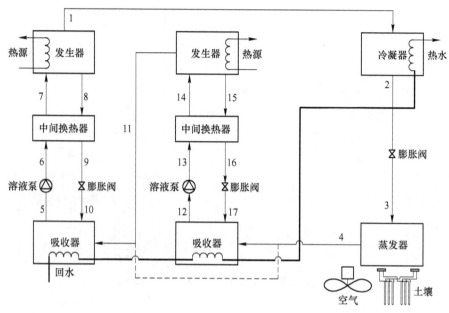

图 1 - 14　单级和双级空气源 - 土壤源吸收式热泵原理

文献 [51] 对不同运行模式下太阳能 - 地热能耦合热泵系统性能进行了试验研究和数值模拟。这些模式包括：地源热泵模式、太阳能辅助热泵模式、太阳能 - 地热能联合运行模式、白天夜间交替运行模式和太阳能 U 形管热交替模式。试验结果表明，在太阳能辅助下，联合运行模式性能得以提高，太阳能和地热能所占比例分别为 43.3% 和 50.2%。地源热泵模式和太阳能辅助热泵模式性能系数分别为 2.37 和 2.72。联合运行模式、白天夜间交替运行模式和太阳能 U 形管热交替模式系统性能系数（简称 COP）分别为 2.69、2.65 和 2.56；三种运行模式季节平均 COP 分别为 3.67、3.64 和 3.52。

文献 [52] 对不同制热模式下太阳能辅助地热能热泵机组性能进行了试验研究。结果表明，太阳能辅助热泵机组有利于土壤热平衡的恢复。此外，太阳能储热水箱有利于系统稳定运行，并且储热水箱的体积流量对热泵机组功耗影响显著。

文献 [53] 对太阳能热泵冬季供暖和生产日常热水系统进行了研究。基于 TRNSYS 软件，建立了太阳能热泵系统数学模型，并与传统供热方式进行了对比。结果表明，供热季太阳能热泵平均 COP 达到 3.7，月平均 COP 为 3.2。与传统供热模式对比，太阳能热泵性能显著提高，月节能率达到 52%。储热水箱储能因数为 $0.5 \sim 0.8 \mathrm{m^3/m^2}$，太阳能集热器面积为 $130 \sim 160 \mathrm{m^2}$。与初始设计相比，太阳能热泵系统效率提高了约12.8%。图1-15给出了太阳能集热器面积对系统性能的影响。

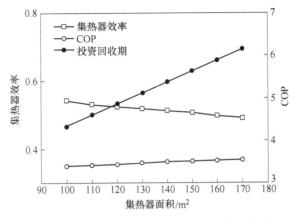

图1-15　太阳能集热器面积对系统性能的影响

文献 [54] 对太阳能和 CO_2 热泵的耦合系统性能进行了研究。试验结果表明，耦合系统性能系数达到 2.64；模拟表明，相比于传统的 CO_2 热泵系统，耦合系统减少电耗能约 13.7%。另外，耦合系统㶲效率和环境参数对系统性能的影响也进行了分析。图1-16给出了太阳能和 CO_2 热泵的耦合系统原理。

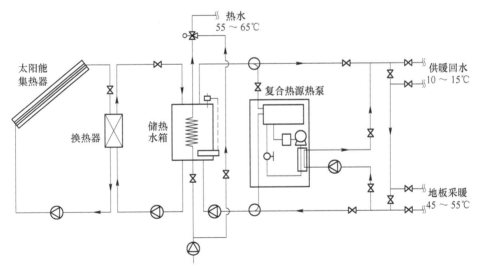

图1-16　太阳能和 CO_2 热泵的耦合系统原理

文献 [55] 对制热、制冷和生产生活热水的吸收式地源热泵耦合系统性能进行了数值模拟。结果表明，北京地区采用耦合系统，土壤年热不平衡率减小 14.8%，土壤温度年均变化 0.5℃；沈阳地区采用耦合系统，土壤年热不平衡率减小 6.0%，土壤温度年均变化 0.1℃。另外，大约20%的冷凝器回收热和15%吸收器回收热可用于生产生活热水。耦合系统在北京地区的能源效率为 1.516，在沈阳地区的能源效率为 1.163。与传统的制冷和制热热泵系统相比，耦合系统能源效率分别提高 44.4% 和 23.6%。图 1-17 给出了吸收式地源热泵耦合系统原理。

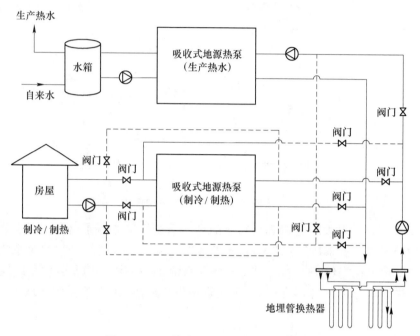

图 1-17　吸收式地源热泵耦合系统原理

文献 [56] 对锅炉和吸收式热泵耦合用能系统的经济性进行了评价。当耦合系统中空气源吸收式热泵供能比例在 50% ~100% 时，能量节约率降低幅度不太明显。当哈尔滨地区设计容量为 75%、沈阳地区为 35%、北京地区为 50% 和深圳地区为 50%，能源节约率分别为 21.6%、24.3%、26.2% 和 26.3%。当耦合系统中空气源吸收式热泵供能比例为 50% 时，上述四个地区的回收周期分别为 6.8 年、6.6 年、4.1 年和 4.6 年。尽管能源节约率和回收周期之间存在不平衡性，但适当降低能源节约率 1.5% ~6.0%，能够减少回收周期 38% ~48%。

文献 [57] 对吸收式热泵回收电厂冷凝热进行了分析。基于热力学第一定律和第二定律，针对装机容量为 135MW 的电站空冷系统性能和关键部件的㶲分析进行了研究。与传统的供暖系统相比，输出功率增加了 3.58MW，燃煤消耗率和㶲损失分别减小了 11.50g/kW 和 4.649MW，系统热效率和㶲效率分别提高了 1.26% 和 1.45%。

文献 [58] 对槽式太阳能集热器驱动氨吸收式热泵供暖系统的性能进行了研究。氨吸收式热泵 COP 随高温热源温度（即导热油进口温度）的升高而增大，导热油温度在 140 ~180℃之间时，系统 COP 较高；氨吸收式热泵 COP 随室外空气温度的升高而增大，当室外空气温度低于 6℃时，COP 随温度增加得较快。

文献［59］对低温热源驱动第二类吸收式热泵进行了模拟优化研究。蒸发温度、冷凝温度和吸收温度等优化参数在各自的取值范围内都对系统性能存在着最优值。应用约束非线性规划方法中的可变容差法，得到优化结果为蒸发温度41.2℃、发生温度40.3℃、吸收温度64.6℃和冷凝温度11.9℃。图1-18给出了第二类吸收式热泵回收废热原理。

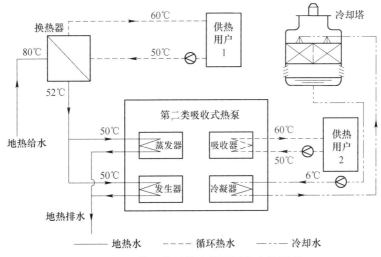

图1-18　第二类吸收式热泵回收废热原理

文献［60］对低温热源驱动 LiBr/H₂O 第二类吸收式热泵进行了实验研究。用45～55℃废热水作为吸收式热泵驱动热源。结果表明，系统性能 COP 为0.3～0.4，制热量为4～7.5kW，生产热水温度为4～8℃。图1-19给出了蒸发器进口水温对系统 COP 和溶液浓度的影响，图1-20给出了冷凝器进口水温对系统COP 的影响。

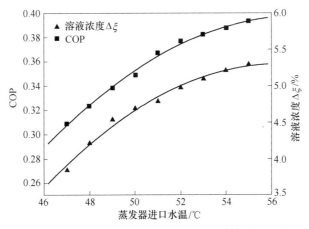

图1-19　蒸发器进口水温对系统 COP 和溶液浓度的影响

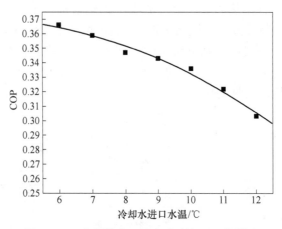

图 1 - 20　冷凝器进口温度对系统 COP 的影响

　　利用模糊数学的相关理论，建立了多评价因素的地源热泵中央空调方案与常规中央空调方案的模糊综合评判优选模型；提出了不同地区商业建筑空调方案的参比指标及其隶属度及模糊评判矩阵的确定[61]。

　　文献 [62] 对地源热泵与太阳能集热器联合供暖系统进行了研究。根据联合供暖系统不同的运行模式，以及能量守恒和质量守恒定律，分析了不同运行模式下子系统之间的耦合关系，建立了相应的系统动态仿真模型。系统循环水流量越大，埋管换热器和太阳能集热器的运行效率就越高，热泵运行效率则正好相反。图 1 - 21 给出了联合供暖系统运行原理，图 1 - 22 给出了热泵机组 COP 值随循环水流量的变化。

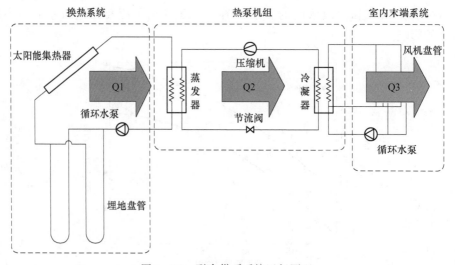

图 1 - 21　联合供暖系统运行原理

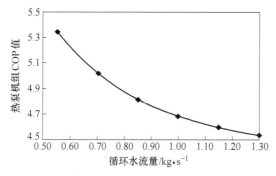

图 1 – 22　热泵机组 COP 值随循环水流量的变化

文献［63］对第二类 LiBr/H$_2$O 吸收式热泵机组进行了设计计算。设计参数为：驱动热源进口温度为 75℃、出口温度为 65℃，低温热源冷却水进口温度为 15℃、出口温度为 18℃和热媒水进口温度为 75℃。模拟结果表明：在设计工况下，热泵机组的 COP 为 0.473。随着循环工质流量的增加，热泵机组的 COP 略有降低。随着驱动热源温度的升高，系统性能得到提高。

在模拟工况下，当动力余热与太阳能负荷比例在 3.5 以上时，多热源驱动吸收式热泵循环 COP 都在 0.9 以上，比传统单效循环性能系数高 20% 左右[64]。采用多热源驱动吸收式热泵循环得到的制冷量比采用一套传统单效循环和一套传统两级循环得到的制冷量之和提高 19% ~ 30.5%，制热量最大可提高 6.8%。设计了喷射器并搭建了多热源驱动吸收式热泵系统实验装置，实验测试与理论结果对比表明两者符合较好。

以系统性能系数为目标函数，得到了一组在允许操作范围内的最适宜操作参数：蒸发温度为 165℃，冷凝温度为 124.9℃，溴化锂浓溶液浓度为 52%，溴化锂稀溶液浓度为 48%，系统性能系数为 0.43，系统热能利用效率为 0.72。以此为基础，设计出了输出功率为 5.2kW 的高温型溴化锂第二类吸收式热泵样机[65]。

文献［66］提出了一种新型吸收 – 压缩混合的热泵系统并进行了试验测试。理论结果表明，随着发生温度的升高，新型吸收 – 压缩混合循环的 COP 比压缩子系统循环的 COP 提高 4% 以上，最大提高幅度可达 15%；随着蒸发温度的升高，新型系统 COP 比压缩子系统提高 12% 以上。试验结果表明，与压缩子系统相比，混合循环 COP 提高幅度可达 10%，吸收子系统 COP 随着发生温度的升高而下降。图 1 – 23 给出了新型吸收压缩混合制冷（制热）循环流程，图 1 – 24 给出了制热量和吸收子系统制冷量随发生温度的变化。

文献［67］对太阳能热泵和电锅炉联合运行系统的性能进行了分析。当采暖季太阳能保证率为 30%、40% 和 50% 时，太阳能热泵的供热量占建筑所需热量的比例分别为 58.61%、82.7% 和 98.02%。对不同太阳能保证率下的太阳能热泵和电锅炉联合运行系统与电锅炉独立运行系统的初投资、回收年限、环保效益和热价等进行了对比分析。图 1 - 25 所示为太阳能、热泵和电锅炉联合运行示意图。

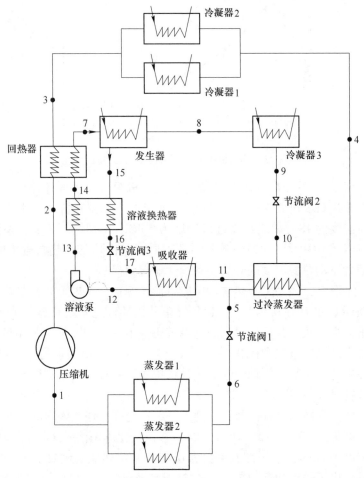

图 1 - 23　新型吸收压缩混合制冷（制热）循环流程

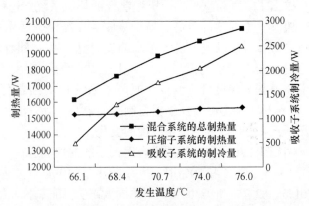

图 1 - 24　制热量和吸收子系统制冷量随发生温度的变化

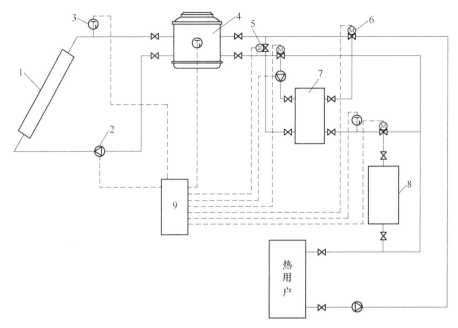

图 1-25 太阳能、热泵和电锅炉联合运行示意图
1—集热器；2—水泵；3—温度计；4—储水箱；5—二通电磁阀；
6—三通电磁阀；7—热泵；8—电锅炉；9—控制器

文献［68］对太阳能-空气复合热源热泵系统的性能进行了研究。在太阳能-空气双热源模式下，当复合热源有效温差为5℃，空气热源温度为2℃，太阳能热媒为7℃，复合模式制热量为2670W，COP为2.85，均高于单一空气热源的制热量和COP。当空气热源温度下降至-10℃、太阳能热媒温差为-5℃时，复合模式制热量为1780W，COP为2.33。

文献［69］依据太阳能的热辐射数据，根据热力学第一定律和第二定律，对制冷负荷为5kW的太阳能吸收式空调的性能和㶲效率进行了分析，得到了集热器出口水温和储热水箱温度随时间的变化规律，系统分析了环境温度、蒸发温度、溶液浓度和溶液热交换器冷端温差等对吸收制冷机系统性能和㶲效率的影响。

1.3.4 太阳能吸收式热泵国外研究现状

文献［70］对吸收式热泵研究现状进行了归纳总结，主要包括单、双级吸收式热泵系统组成及性能，介绍了吸收式热泵常用工质对水-溴化锂和氨-水，同时也对吸收式热泵其他工质对进行了介绍。

近年来，许多国家一直致力于推动可再生能源的使用，以减少能源消耗和CO_2排放量。与空气源热泵相比，地源热泵热源为土壤，受到极端天气影响较小，但其初始投资成本很高。文献［71］对清洁无污染的太阳能和地源热泵耦合系统进行了研究。无论从投资角度，还是热泵综合用能效率方面考虑，太阳能和地热能联合利用的热泵系统均具有较好的效果。图1-26所示为太阳能和地源热泵耦合系统原理。

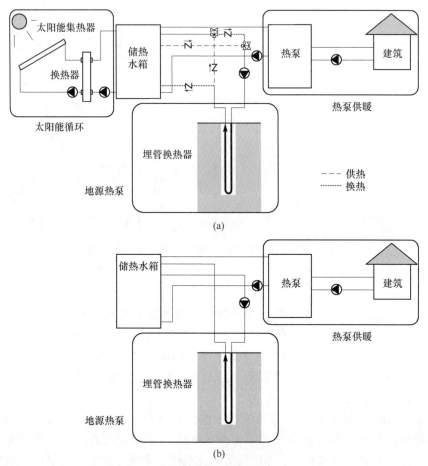

图1-26　太阳能和地源热泵耦合系统原理
(a) 太阳能辅助地热能；(b) 储热水箱和地热能联合

化石燃料的广泛应用带来了极大的环境污染问题，积极开发可再生能源的利用技术具有积极意义。太阳能属于清洁能源并且分布很广，近些年来日益受到广泛关注。文献［72］对太阳能制冷系统进行了设计和性能分析。模拟结果表明，与传统制冷系统相比，增设热回收器可以提高系统性能10%左右，采用蓄冷技术的系统性能可以提高8%左右。

文献［73］对太阳能吸收式热泵供暖系统进行了研究。介绍了一种新型的太阳能集热器系统，主要包括太阳能外墙、接收管和菲涅耳透镜。结果表明，与传统锅炉供暖相比，太阳能吸收式热泵节能率约为 16%；与传统直接供暖相比，地板辐射供暖系统节能率约为 43%；储热水箱的尺寸对系统性能的影响要小于水箱内流体温度的影响。图 1-27 所示为太阳能吸收式热泵供暖系统原理。

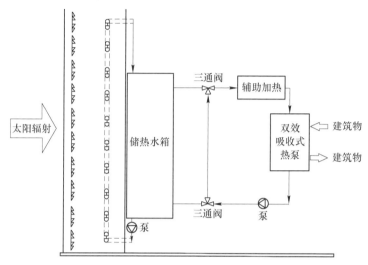

图 1-27　太阳能吸收式热泵供暖系统原理

文献［74］对工质为 NH_3/H_2O 的太阳能吸收式热泵系统性能进行了研究。结果表明，当发生温度、冷凝温度和蒸发温度分别为 114℃、23℃和 -2℃时，系统制冷量为 10.1kW，系统 COP 为 0.69；当发生温度、冷凝温度和蒸发温度分别为 140℃、45℃和 -4℃时，系统制冷量为 4.5kW，系统 COP 为 0.42。

文献［75］对工质为 $LiBr/H_2O$ 的吸收式热泵系统进行了能量分析和㶲分析研究。吸收式热泵热源分别选用废热水、废热气和水蒸气。当热源温度升高，系统㶲损失也增加，热源质量流量减小。随着高温水蒸气为热源的吸收式热泵运行温度的升高，系统㶲损失降低。废热气为热源的㶲损失减少 40%，水蒸气为热源的㶲损失减少 42.8%，废热水为热源的㶲损失减少 45.6%。随着低温水蒸气为热源的吸收式热泵运行温度的升高，系统㶲损失降低。废热气为热源的㶲损失减少 41.5%，水蒸气为热源的㶲损失减少 41.8%，废热水为热源的㶲损失减少 42.2%。

文献［76］对工质为 NH_3/H_2O 的双级吸收式热泵系统进行了能量分析和㶲分析。基于能量平衡方程和㶲平衡方程，建立了系统热力学模型，对吸收式热泵系统性能、不可逆损失和㶲效率进行了分析。结果表明，新型双级吸收式热泵系统性能优于常规热泵系统；新型系统允许较低的运行温度，数值范围为 60～120℃，而常规吸收式热泵运行温度范围为 100～160℃。图 1-28 所示为吸收式热泵性能随发生器温度的变化。

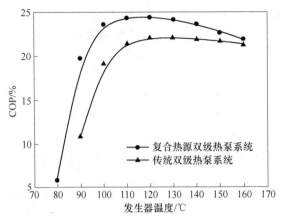

图 1 - 28　吸收式热泵性能随发生器温度的变化

　　与压缩式地源热泵相比，吸收式地源热泵从地下提取的热量更少，对土壤的热平衡比较有利。利用 TRNSYS 软件，对三个典型城市利用吸收式地源热泵供暖进行了数值模拟[77]。结果表明，吸收式地源热泵运行 10 年后，土壤温度降低 6 ~ 7℃，地板辐射制冷系统减少 0 ~ 3℃。另外，传统吸收式地源热泵一次能源利用率为 95% ~ 120%，而本次设计的吸收式热泵一次能源利用率高达 111% ~ 156%。图 1 - 29 所示为吸收式地源热泵冬/夏季运行原理。

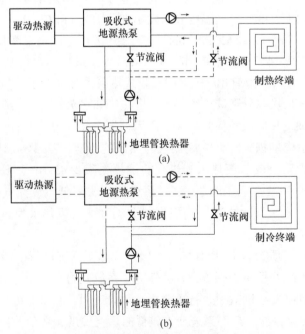

图 1 - 29　吸收式地源热泵冬/夏季运行原理
(a) 冬季制热模式；(b) 夏季制冷模式

文献 [78] 对太阳能吸收式制冷系统进行了理论分析和试验研究。太阳能集热器面积为 $54m^2$，热源用于驱动 23kW 的 LiBr – H_2O 吸收式制冷系统。结果表明，集热器日平均效率为 36% ~ 39%，吸收式制冷机组性能 COP 为 0.91 ~ 1.02。另外，详细分析了回收周期和环境污染，并与传统的太阳能系统进行了对比。图1 – 30 所示为太阳能吸收式制冷系统原理。

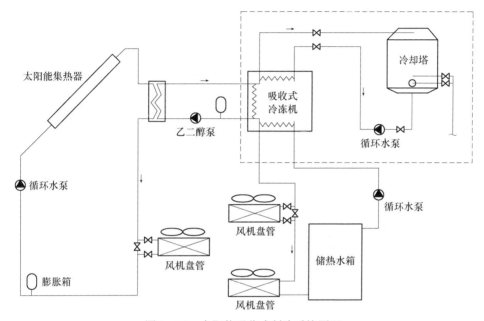

图 1 – 30   太阳能吸收式制冷系统原理

文献 [79] 对太阳能热泵系统性能进行了试验研究。试验运行时间为 1 ~ 6月份，室外环境温度为 – 10.8 ~ 14.6℃。太阳能平板集热器面积为 $20m^2$，集热器效率为 33% ~ 47%，热泵性能和系统性能数值分别为 3.8 和 2.9。图 1 – 31 所示为太阳能集热器的连接原理和安装示意图。

文献 [80] 对功率为 15kW 的太阳能吸收式制冷机的散热损失和一次能源利用率进行了研究。太阳能吸收式热泵太阳能输入比例为 70% ~ 88%，地热能压力降较小，能够节省约 30% 的辅助热能。

文献 [81] 对太阳能 – 地热能耦合的吸收式热泵性能进行了研究。对于给定的发生器温度，随着冷凝器温度的降低，热泵系统性能增加。冷凝器入口温度由 28℃ 降至 25℃，热泵性能大约提高 30%。当冷凝温度为 25℃ 时，系统整体效率大约增加 40%，发生器温度由 84℃ 降至 76℃。

文献 [82] 对吸收式热泵和燃气锅炉联合系统进行了研究。通过吸收式热泵回收余热，可以提高燃气锅炉效率 5% ~ 10%。实验研究表明，当使用 98℃ 热水作为吸收式热泵热源时，吸收式热泵热水温度可由 45℃ 提高至 57.5℃。

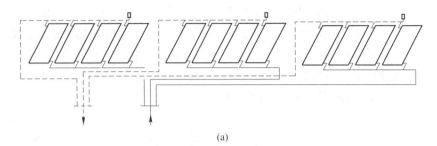

(a)

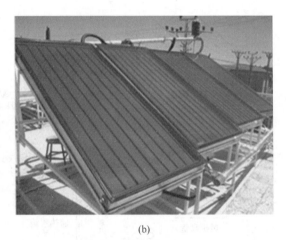

(b)

图 1 – 31　太阳能集热器的连接原理和安装示意图

(a) 连接原理；(b) 安装示意图

文献［83］对功率为 10kW 的单级 LiBr – H₂O 吸收式热泵供暖制冷情况进行了分析。模拟条件如下：高、低热源质量流量，3 种环境条件，不同类型太阳能集热器，储热水箱尺寸和不同控制系统。与传统压缩式热泵相比，太阳能吸收式热泵节能率为 20% ~27%。

文献［84］对用于多效蒸馏装置的 LiBr – H₂O 吸收式热泵性能进行了研究。试验结果表明，当低温发生器和冷凝器内制冷剂流量连续均匀时，吸收式热泵性能较高。保持发生器内 LiBr 溶液水平，保持冷却水连续均匀流动，系统达到稳定状态需要的时间较少，并且系统性能达到较高水平。

基于试验测试和数值模拟相结合，文献对太阳能吸收式热泵系统性能进行了研究[85]。不同环境参数下的测试结果表明，太阳能集热器热效率保持在 50% ~60%，吸收式热泵性能较好。数值模拟得出，即使在日照时间内，平均太阳能保证率也不超过 50%。因此，储热水箱性能对太阳能吸收式热泵性能影响十分关键。

文献［86］对太阳能热泵进行了数值模拟。与传统热泵相比，太阳能热泵效率提高约 75%，同时副产品热水也可以获得额外收益。夏季，日产热水量为

13.5kg/m², 年平均产水量为 9.9kg/m²。图 1-32 所示为太阳能热泵能量平衡示意图。

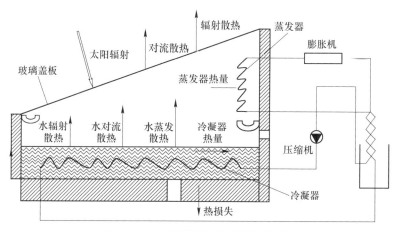

图 1-32 太阳能热泵能量平衡示意图

文献 [87] 对太阳能吸收式制冷系统性能进行了研究。吸收式热泵工质对为 $NH_3 - H_2O$, 系统中设有生物质辅助加热装置, 用涡旋膨胀机代替节流阀用于回收部分膨胀功。涡旋膨胀机效率为 59% ~ 63%, 年系统效率变化范围为 6% ~ 8%。依据耦合系统地点和蒸发温度不同, 太阳能贡献比例为 23% ~ 30%。图 1-33 所示为膨胀机输出功和效率变化。

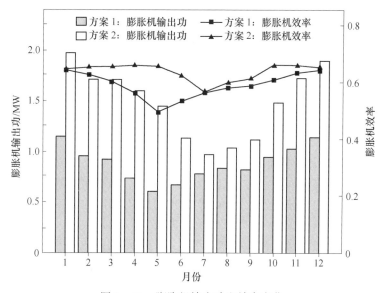

图 1-33 膨胀机输出功和效率变化

文献［88］对功率为 10kW 的 LiBr - H₂O 吸收式热泵和双级压缩式循环的耦合系统性能进行了试验研究和数值模拟，双级热泵制冷剂分别为 R - 134a 和 R - 123。蒸气压缩式热泵回收吸收式热泵冷凝器散热，使吸收式热泵蒸发器保持一个较高温度。模拟结果表明，与传统太阳能热泵系统相比，系统 COP 由 0.49 提高至 0.71；试验测试表明，与传统太阳能热泵系统相比，系统 COP 由 0.39 提高至 0.62。

文献［89］对 4 种太阳能和 LiBr - H₂O 吸收式热泵的耦合系统性能、经济性和环保性进行了对比分析。结果表明，第 2 种耦合系统的一次能源利用率最高，与传统供暖相比，能源节约率和太阳能供能比例分别为 54.51% 和 71.8%。所有耦合系统的初投资都比较高，如果政府能够补贴 50% 初投资，第四种耦合系统被认为是很有前途的方案，其回收周期为 4.1 年，太阳能供能比例为 43%，一次能源消耗减少 27.16%。图 1 - 34 给出了四种方案初投资分配比例情况。

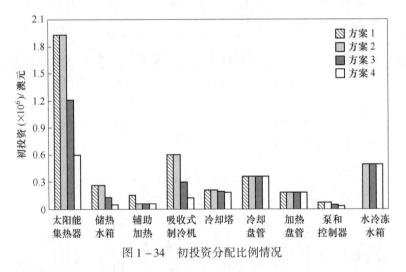

图 1 - 34　初投资分配比例情况

1.3.5　太阳能热泵经济性评价

Fadhel 等[90]对太阳能辅助热泵干燥装置进行了研究。研究结果表明，该装置在降低成本和提高干燥质量方面具有优势。同时，该热泵装置的使用也减小了以往对化石燃料的过度依赖性。Chow 等[91]通过室内游泳池的空间和水加热需求对太阳能辅助热泵（SAHP）进行了研究。基于 TRNSYS 软件，对冬季运行工况下太阳能热泵特性进行了模拟。结果表明，与传统的用能方案相比，太阳能热泵系统的 COP 可以达到 4.5，节能系数为 79%，成本回收周期少于 5 年。

基于 0.7MW 的供热功率评价标准，李耿华等[92]对太阳能热泵、燃油锅炉、燃气锅炉和电加热锅炉四种供热系统进行了初投资、运行费用、燃料价格等因素的综合技术经济分析与评价。结果表明，太阳能热泵供热系统的综合效果最好。

基于有限时间热力学理论和集热器线性热损失模型，文献 [93] 建立了太阳能热泵供暖系统的热力学模型，并对该系统进行了热经济性分析。研究在给定供热率和初投资的约束条件下，以系统的供热系数 COP 作为热经济性目标函数，得出了在目标函数取最大时系统最佳的运行性能系数和设计参数。

杨婷婷等[94]计算了直膨式太阳能辅助热泵热水器、空气源热泵热水器、太阳能热水器、电热水器和燃气热水器的运行能耗。分析了直膨式太阳能辅助热泵热水器的市场潜力、经济性以及社会效益。结果表明，直膨式太阳能辅助热泵热水器能耗最小，运行费仅为电热水器的 1/3、燃气热水器的 1/2、空气源热泵热水器的 4/5；与电热水器相比，使用直膨式太阳能辅助热泵热水器，户均年运行费可减少约 1500 元，2 年左右即可回收额外的初投资。

基于模糊数学的综合评价方法，文献 [95] 对几种用能方案进行了分析。几种用能方案分别是：太阳能 + 地源热泵联合循环；溴化锂吸收式直燃机组；冷水机组 + 燃油热水锅炉；冷水机组 + 燃气热水锅炉和冷水机组 + 电锅炉。评判结果表明，太阳能 + 地源热泵联合循环为最优方案，其他四种评估方案比分极为接近，说明它们之间节能和环保优势并不明显。文献 [96] 介绍了不同太阳能保证率时太阳能热泵和电锅炉联合运行系统的节能效益分析。分析了太阳能热泵节省的节能费用、太阳能热泵应用在供暖系统中所增加的初投资的回收年限、太阳能热泵应用在供暖系统时减少的 CO_2 的排放量，对太阳能热泵和电锅炉联合供暖系统与电锅炉单独供暖系统的热价进行了比较，并用层次分析 – 模糊综合评价方法对不同太阳能保证率下供热系统进行了综合评价，计算得出太阳能集热器面积按 30% 负荷选取时综合评价最优。

李丽等[97]针对目前供热模式经济评价方法的弊端，利用模糊数学提出了一种新的优化供热模式的方法——模糊评价法。以某小区供热为例，通过建立城市供热可持续发展模式评价指标体系，将模糊数学的方法应用到城市供热模式的可持续性研究中，明确评价指标的量化方法，为科学、合理地选择供暖方案提供了有效的方法。唐志华[98]建立地源热泵系统模糊综合评判优选模型。以长沙市某公共建筑地源热泵应用项目为例，利用已建立的模型，根据模糊数学原理，对地下水、地表水、地埋管、污水等几种地源热泵系统方案进行了模糊综合评判，得出相对的最优方案。最后重点分析了初投资费用和年运行费用的隶属度变化对评判结果的影响，并给出其他几个影响因素的隶属度对评判结果的影响。研究发现，各因素隶属度的变化都将引起模糊评判系数的变化，且其变化程度视该影响因素的权重以及在各方案中该影响因素隶属度的取值不同而不同。

运用模糊多目标综合评判方法，李冰[99]从技术性、经济性、安全性、维修性和环保性五方面对天然气驱动热泵的综合性能进行了模糊综合评价。得出其环保性突出，安全性和维修性较好，技术性属中等水平，但经济性中等偏下的结论。石红柳[100]采取了模糊评判法对四种不同的采暖方式进行了综合评价。利用层次分析法将定性因素定量化，确定出不同评价指标的权重向量；然后利用模糊评判法分别计算出各评价指标的优度，做出最后的评判结果。当环境影响、经济性和能耗量作为评判指标时，热电联产集中供暖性能最优，普通双制式空调性能最差。Bing Wei 等[101]采用模糊综合评判方法分别对 7 种不同供暖方案进行分析和评价。模拟计算表明，供热方案优度排名为：联合供热供电 > 燃气锅炉 > 水源热泵 > 燃煤锅炉 > 地源热泵 > 太阳能热泵 > 燃油锅炉，为选择最优供暖方案提供了有效依据。

1.4　小结

　　能源短缺和环境污染成为当今社会发展的主要问题，臭氧层破坏和温室效应引起了全球共同关注。在我国一次能源的消费中，煤炭的消费比重较大，而清洁能源的消费比例明显不足。作为清洁能源的核能和可再生能源的太阳能、风能等发展受技术和资金限制发展缓慢，在社会能源使用中占据比例很低，太阳能的巨大潜力还没有发挥出来。

　　本章介绍了环境保护和可持续发展理念，指出了能源消费结构中面临的问题；介绍了吸收式热泵常用工质对的一些物理和化学参数；指出了我国及世界太阳能分布特点，介绍了几种太阳能利用形式；调研了国内外太阳能吸收式热泵利用现状及一些新技术。常规太阳能热水器在与太阳能热泵热水器获得等量热水的情况下，投资较高、占地面积较大，而太阳能热泵热水器占地面积较小、效率更高。因此开发高效的太阳能热泵热水器，对于开发太阳能的巨大潜力具有重大意义。

参 考 文 献

[1] 刘万福，马一太. 地球生命系统与可持续发展 [J]. 天津大学学报，2004，37（4）：336～340.

[2] Bp 世界能源统计 2012 [Z]. BP Amoco（英国石油公司），2013.

[3] 中国石油天然气集团公司. 中国石油天然气集团公司年鉴 [M]. 北京：石油工业出版社，2004.

[4] 恩格斯. 自然辩证法 [M]. 于光远，等译. 北京：人民出版社，1984.

[5] 蕾切尔·卡逊. 寂静的春天 [M]. 吕瑞兰，等译. 长春：吉林人民出版社，1997.

[6] 丹尼斯·米都斯. 增长的极限 [M]. 李宝恒，译. 长春：吉林人民出版社，1998.

[7] 沃德·杜博斯. 只有一个地球 [M]. 长春：吉林人民出版社，1997.

[8] 布朗. 一个可持续发展的社会 [M]. 北京：中国环境科学出版社，1998.

［9］ 联合国环境与发展大会.21 世纪议程［M］.国家环境保护局，译.北京：中国环境科学
    出版社，1993.

［10］ David W Fahey. Ozone Depletion and Global Warming：Advancing the Science［C］//Seven-
    teenth International Compressor Engineering Conference，Purdue University，2004.

［11］ 王洪利，刘建雄，张岩，等.CO_2 跨临界热泵和加热炉冷却循环耦合系统性能分析［J］.
    热能动力工程，2013，28（1）：38～41.

［12］ 余延顺，马最良.太阳能热泵系统运行工况模拟研究［J］.流体机械，2004，32（5）：
    65～69.

［13］ 赵军，刘立平，李丽新.R134a 应用于直接膨胀式太阳能热泵系统［J］.天津大学学报，
    2000，33（3）：301～305.

［14］ 李智，刘骥，虞维平.双热源型太阳能热泵夏/冬两季的节能运行分析［J］.制冷空调
    与电力机械，2008，15（3）：32～34.

［15］ Huang B J，Chyng J P. Performance characteristic of integral type solar – assisted heat pump
    ［J］. Solar Energy，2001，71（6）：403～414.

［16］ Cervantes J G，Torres – Reyes E. Experiments on a solar – assisted heat pump and an exergy a-
    nalysis of the system［J］. Applied Thermal Engineering，2002，22（12）：1289～1297.

［17］ 方荣生，项立成，李亭寒，等.太阳能应用技术［M］.北京：中国农业机械出版
    社，1985.

［18］ http：//www. escn. com. cn/news/show – 124350. html.

［19］ http：//3y. uu456. com/bp – 3ebeead119sf312b3169asac – 1. html.

［20］ 韩延民，代彦军，王如竹.基于 TRNSYS 的太阳能集热系统能量转化分析与优化［J］.
    工程热物理学报，2006，27（1）：57～60.

［21］ 李戬洪，江晴.一种高效平板太阳能集热器试验研究［J］.太阳能学报，2001，22
    （2）：239～243.

［22］ 郑宏飞，吴裕远，郑德修.窄缝高真空平面玻璃作为太阳能集热器盖板的实验研究
    ［J］.太阳能学报，2001，22（3）：270～273.

［23］ 邓月超，赵耀华，全贞花，等.平板太阳能集热器空气夹层内自然对流换热的数值模拟
    ［J］.建筑科学，2012，28（10）：84～87.

［24］ 丁刚，左然，张旭鹏，等.平板式太阳能空气集热器流道改进的试验研究和数值模拟
    ［J］.可再生能源，2011，29（2）：12～15.

［25］ 张涛，闫素英，田瑞，等.全玻璃真空管太阳能热水器数值模拟研究［J］.可再生能
    源，2011，29（5）：10～14.

［26］ 夏佰林，赵东亮，代彦军，等.扰流板型太阳能平板空气集热器集热性能［J］.太阳
    能学报，2011，45（6）：870～874.

［27］ 张东峰，陈晓峰.高效太阳能空气集热器的研究［J］.太阳能学报，2009，30（1）：
    61～63.

［28］ 张慧宝.储水式电热水器分层加热技术的分析研究及设计应用［J］.家电科技，2011
    （7）：88～90.

［29］ 蔡贞林，段培真，刘姚.一种分体式承压水箱［P］：CN201973932U.2011 – 09 – 14.

［30］蔡文玉. 基于 CFD 的太阳能分层加热储热水箱优化研究［D］. 杭州：浙江大学，2014.

［31］陈丹丹. 分层储热水箱设计及其对太阳能集热器效率的影响研究［D］. 兰州：兰州理工大学，2014.

［32］张磊. 家用太阳能热水器储热水箱放水特性的三维数值模拟研究［D］. 昆明：云南师范大学，2013.

［33］张森，程伟良，孙东红，等. 太阳能供热系统储热水箱散热机理分析研究［J］. 电网与清洁能源，2010，26（1）：73～76.

［34］崔俊奎，宋检. 太阳能供暖系统室内地下储热水箱的散热规律［J］. 土木建筑与环境工程，2013（S2）：56～59.

［35］胡家军. 分体式太阳能储热水箱［P］. 云南：CN101813390A，2010－08－25.

［36］张孝德. 一种自带换热介质的太阳能储热水箱［P］. 宁夏：CN204084900U，2014－09－19.

［37］唐文学，顾敏，李俊，等. 新型壁挂式太阳能储热水箱［P］. 广东：CN204513819U，2015－01－09.

［38］Ghaddar N K. Stratified storage tank influence on performance of solar water heating system tested in Beirut［J］. Renewable Energy，1994，4（8）：911～925.

［39］Knudsen S. Consumers' influence on the thermal performance of small SDHW systems – Theoretical investigations［J］. SolarEnergy，2002，73（1）：33～42.

［40］Castell A，Medrano M，Solé C，et al. Dimensionless numbers used to characterize stratification in water tanks for discharging at low flow rates［J］. Renewable Energy，2010，35（10）：2192～2199.

［41］Madhlopa A，Mgawi R，Taulo J. Experimental study of temperature stratification in an integrated collector – storage solar water heater with two horizontal tanks［J］. Solar Energy，2006，80（8）：989～1002.

［42］Wei Wu，Baolong Wang，Tian You，et al. A potential solution for thermal imbalance of ground source heat pump systems in cold regions：Ground source absorption heat pump［J］. Renewable Energy，2013（59）：39～48.

［43］Wei Wu，Wenxing Shi，Baolong Wang，et al. A new heating system based on coupled air source absorption heat pump for cold regions：Energy saving analysis［J］. Energy Conversion and Management，2013（76）：811～817.

［44］Xingjuan Zhang，Hui Li，Chunxin Yang. A novel solar absorption refrigeration system using the multi – stageheat storage method［J］. Energy and Buildings，2015（102）：157～162.

［45］Hui Li，Xingjuan Zhang，Chunxin Yang. Analysis on all – day operating solar absorption refrigeration system with heat pump system［J］. Procedia Engineering，2015（121）：349～356.

［46］Haiquan Sun，Zhenyuan Xu，Hongbing Wang，et al. A solar/gas fired absorption system for cooling and heating in a commercial building［J］. Energy Procedia，2015（70）：518～528.

［47］Wei Wu，Xianting Li，Tian You，et al. Combining ground source absorption heat pump with ground source electrical heat pump for thermal balance，higher efficiency and better economy in cold regions［J］. Renewable Energy，2015（84）：74～88.

［48］ Shanshan Li, Shuhong Li, Xiaosong Zhang. Comparison analysis of different refrigerants in solar – air hybrid heat source heat pump water heater ［J］. International journal of refrigeration, 2015（57）: 138～146.

［49］ Wei Wu, Xiaoling Zhang, Xianting Li, et al. Comparisons of different working pairs and cycles on the performance of absorption heat pump for heating and domestic hot water in cold regions ［J］. Applied Thermal Engineering, 2012（48）: 349～358.

［50］ Xu Z Y, Wang R Z, Wang H B. Experimental evaluation of a variable effect LiBr – water absorption chiller designed for high – efficient solar cooling system ［J］. International journal of refrigeration, 2015（59）: 135～143.

［51］ Weibo Yang, Lulu Sun, Yongping Chen. Experimental investigations of the performance of a solar – ground source heat pump system operated in heating modes ［J］. Energy and Buildings, 2015（89）: 97～111.

［52］ Lanhua Dai, Sufen Li, Linduan Mu. Experimental performance analysis of a solar assisted ground source heat pump system under different heating operation modes ［J］. Applied Thermal Engineering, 2015（75）: 325～333.

［53］ Hong Li, Liangliang Sun, Yonggui Zhang. Performance investigation of a combined solar thermal heat pump heating system ［J］. Applied Thermal Engineering, 2014（71）: 460～468.

［54］ Deng S, Dai Y J, Wang R Z. Performance study on hybrid solar – assisted CO_2 heat pump system based on the energy balance of net zero energy apartment ［J］. Energy and Buildings, 2012（54）: 337～349.

［55］ Wei Wu, Tian You, Baolong Wang, et al. Simulation of a combined heating, cooling and domestic hot water system based on ground source absorption heat pump ［J］. Applied Energy, 2014（126）: 113～122.

［56］ Wei Wu, Baolong Wang, Wenxing Shi, et al. Techno – economic analysis of air source absorption heat pump: Improving economy from a design perspective ［J］. Energy and Buildings, 2014（81）: 200～210.

［57］ Hongsheng Zhang, Zhenlin Li, Hongbin Zhao. Thermodynamic performance analysis of a novel electricity – heating cogeneration system（EHCS）based on absorption heat pump applied in the coal – fired power plant ［J］. Energy Conversion and Management, 2015（105）: 1125～1137.

［58］ 杨建. 槽式太阳能集热器驱动氨吸收式热泵供暖系统性能研究 ［D］. 天津：天津大学, 2013.

［59］ 董海虹. 低温热源驱动第二类吸收式热泵的模拟优化研究 ［D］. 天津：天津大学, 2006.

［60］ 董瑞芬. 低温热源驱动溴化锂第二类吸收式热泵的实验研究 ［D］. 天津：天津大学, 2007.

［61］ 裴侠风. 地源热泵方案与常规中央空调方案的模糊评判研究 ［D］. 武汉：华中科技大学, 2005.

［62］ 吴晓寒. 地源热泵与太阳能集热器联合供暖系统研究及仿真分析 ［D］. 长春：吉林大学, 2005.

［63］ 王凡. 第二类 LiBr – H₂O 吸收式热泵系统的模拟与实验研究 ［D］. 济南: 山东建筑大学, 2014.

［64］ 闫晓娜. 多热源驱动吸收式热泵系统性能研究 ［D］. 杭州: 浙江大学, 2014.

［65］ 李靖. 高温吸收式热泵热力学分析及样机设计 ［D］. 大连: 大连理工大学, 2010.

［66］ 刘利华. 基于太阳能的吸收压缩混合循环热泵系统研究 ［D］. 杭州: 浙江大学, 2013.

［67］ 冯俊芝. 兰州太阳能热泵和电锅炉联合运行系统的分析 ［D］. 哈尔滨: 哈尔滨工程大学, 2010.

［68］ 刘寅. 太阳能 – 空气复合热源热泵系统性能研究 ［D］. 西安: 西安建筑科技大学, 2010.

［69］ 刘金亮. 小型太阳能吸收式空调系统的性能模拟 ［D］. 大连: 大连理工大学, 2007.

［70］ Rivera W, Best R, Cardoso M J, et al. A review of absorption heat transformers ［J］. Applied Thermal Engineering, 2015 (91): 654~670.

［71］ Giuseppe Emmi, Angelo Zarrella, Michele De Carli, et al. An analysis of solar assisted ground source heat pumps in cold climates ［J］. Energy Conversion and Management, 2015 (106): 660~675.

［72］ Said S A M, El – Shaarawi M A I. Siddiqui M U. Analysis of a solar powered absorption system ［J］. Energy Conversion and Management, 2015 (97): 243~252.

［73］ Sapfo Tsoutsou, Carlos Infante Ferreira, Jan Krieg, et al. Building integration of concentrating solar systems for heating applications ［J］. Applied Thermal Engineering, 2014 (70): 647~654.

［74］ Said S A M, Spindler K, El – Shaarawi M A, et al. Siddiqui. Design, construction and operation of a solar powered ammonia – water absorption refrigeration system in Saudi Arabia ［J］. International Journal of Refrigeration, Accepted Manuscript, 2015.

［75］ Omer Kaynakli, Kenan Saka, Faruk Kaynakli. Energy and exergy analysis of a double effect absorption refrigeration system based on different heat sources ［J］. Energy Conversion and Management, 2015 (106): 21~30.

［76］ Nahla Bouaziz, Lounissi D. Energy and exergy investigation of a novel double effect hybrid absorption refrigeration system for solar cooling ［J］. International Journal of Hydrogen Energy, 2015 (40): 13849~13856.

［77］ Wei Wu, Tian You, Baolong Wang, et al. Evaluation of ground source absorption heat pumps combined with borehole free cooling ［J］. Energy Conversion and Management, 2014 (79): 334~343.

［78］ Yin Hang, Ming Qu, Roland Winston, et al. Experimental based energy performance analysis and life cycle assessment for solar absorption cooling system at University of Californian, Merced ［J］. Energy and Buildings, 2014 (82): 746~757.

［79］ Kadir Bakirci, Bedri Yuksel. Experimental thermal performance of a solar source heat – pump system for residential heating in cold climate region ［J］. Applied Thermal Engineering, 2011 (31): 1508~1518.

［80］ Ursula Eicker, Dirk Pietruschka, Ruben Pesch. Heat rejection and primary energy efficiency of solar driven absorption cooling systems [J]. International Journal of Refrigeration, 2012 (35): 729 ~ 738.

[81] Andrés Macía, Luis A. Bujedo, Teresa Magraner, et al. Influence parameters on the performance of an experimental solar – assisted ground – coupled absorption heat pump in cooling operation [J]. Energy and Buildings, 2013 (66): 282 ~ 288.

[82] Ming Qu, Omar Abdelaziz, Hongxi Yin. New configurations of a heat recovery absorption heat pump integrated with a natural gas boiler for boiler efficiency improvement [J]. Energy Conversion and Management, 2014 (87): 175 ~ 184.

[83] Argiriou A A, Balaras C A, Kontoyiannidis S, et al. Numerical simulation and performance assessment of a low capacity solar assisted absorption heat pump coupled with a sub – floor system [J]. Solar Energy, 2005 (79): 290 ~ 301.

[84] Patricia Palenzuela, Lidia Roca, Guillermo Zaragoza, et al. Operational improvements to increase the efficiency of an absorption heat pump connected to a multi – effect distillation unit [J]. Applied Thermal Engineering, 2014 (63): 84 ~ 96.

[85] Fu Wang, Huanhuan Feng, Jun Zhao, et al. Performance assessment of solar assisted absorption heat pump system with parabolic trough collectors [J]. Energy Procedia, 2015 (70): 529 ~ 536.

[86] Hanen Ben Halima, Nader Frikha, Romdhane Ben Slama. Numerical investigation of a simple solar still coupled to a compression heat pump [J]. Desalination, 2014 (337): 60 ~ 66.

[87] James Muye, Dereje S. Ayou, Rajagopal Saravanan, et al. Performance study of a solar absorption power – cooling system [J]. Applied Thermal Engineering, Available online, 2015.

[88] Nattaporn Chaiyat, Tanongkiat Kiatsiriroat. Simulation and experimental study of solar – absorption heat transformer integrating with two – stage high temperature vapor compression heat pump [J]. Case Studies in Thermal Engineering, 2014 (4): 166 ~ 174.

[89] Ali Shirazi, Robert A. Taylor, Stephen D. White, et al. Transient simulation and parametric study of solar – assisted heating and cooling absorption systems: An energetic, economic and environmental (3E) assessment [J]. Renewable Energy, 2016 (86): 955 ~ 971.

[90] Fadhel M I, Sopian K, Daud W R W, et al. Review on advanced of solar assisted chemical heat pump dryer for agriculture produce [J]. Renewable and Sustainable Energy Reviews, 2011, 15 (2): 1152 ~ 1168.

[91] Chow T T, Bai Y, Fong K F, et al. Analysis of a solar assisted heat pump system for indoor swimming pool water and space heating [J]. Applied Energy, 2012 (100): 309 ~ 317.

[92] 李耿华, 师红涛, 李娟. 阳能热泵供热系统的应用及经济性分析 [J]. 山西建筑, 2010, 36 (25): 179 ~ 181.

[93] 韩宗伟, 郑茂余, 李忠建. 太阳能热泵供暖系统的热经济性分析 [J]. 阳能学报, 2008, 29 (10): 1242 ~ 1246.

[94] 杨婷婷, 方贤德. 直膨式太阳能热泵热水器及其热经济性分析 [J]. 可再生能源, 2008, 26 (4): 78 – 81.

[95] 孙洲阳，陈武. 太阳能 + 地源热泵联合循环项目综合评标 [J]. 太阳能学报，2013 (6)：1063～1069.

[96] 冯俊芝. 兰州太阳能热泵和电锅炉联合运行系统的分析 [D]. 哈尔滨工程大学，2011.

[97] 李丽，王乐乐. 基于模糊综合评价的集中供热方案选择 [J]. 区域供热，2013 (4)：83～88.

[98] 唐志华. 湖南省浅层地热能建筑应用及地源热泵模糊综合评判研究 [D]. 湖南大学，2011.

[99] 李冰. 天然气驱动 VM 循环热泵的多目标评判与优化分析 [D]. 北京：华北电力大学，2012.

[100] 石红柳. 夏热冬冷地区典型城市的不同采暖方式综合评价 [D]. 西安：西安建筑科技大学，2014.

[101] Bing Wei，Songling Wang，Li Li. Fuzzy comprehensive evaluation of district heating systems [J]. Energy Policy，2010 (38)：5847～5955.

2 太阳辐射与计算

因为要利用太阳能集热器热水作为吸收式热泵驱动热源，就需要先研究太阳辐射，并对太阳辐照量进行准确计算。太阳能因为其特殊性，每时每刻都在发生变化，为了更好地利用它，需要对典型日逐时辐照量进行计算。

2.1 太阳辐射

2.1.1 赤纬角和太阳角的计算

2.1.1.1 赤纬角

赤纬角又称为太阳赤纬，地球赤道平面与太阳和地球中心的连线之间的夹角就是赤纬角。因为地球是绕太阳运行便形成了赤纬角，赤纬角随时间而变，众所周知，地轴方向是不变的，因此随着地球在运行轨道上的不同位置赤纬角也就具有了不一样的数值。赤纬角是以年为周期，在 $+23°45' \sim -23°45'$ 的区间之间变化，成为时节的象征。P. I. Cooper 最早给出了赤纬角的计算公式[1]：

$$\delta = 23.45\sin\left(360° \times \frac{284 + n}{365}\right) \qquad (2-1)$$

式中　δ——赤纬角，(°)；

　　　n——所求日期在一年中的日子数。

2.1.1.2 真太阳时

太阳时是指以太阳日为标准来计算的时间，可分为真太阳时和平太阳时。日常生活中手表所表示的是平太阳时，平太阳时是以假定地球绕太阳运行轨迹是圆形的，每天都是24h，其实地球绕太阳运行是椭圆的，每天不是24h，如果考虑到这个因素才得到真太阳时。真太阳时与平太阳时（即日常使用的标准时间）之间的转换公式为[2]：

$$真太阳时 = 标准时间 + E \pm 4(L_{st} - L_{loc}) \qquad (2-2)$$

式中　L_{st}——制定标准时间采用的标准经度，(°)；

　　　L_{loc}——当地经度，(°)，唐山为东经118°。

所在地点在东半球取负号，西半球取正号，唐山在东半球取负号。

$$E = 9.87\sin 2B - 7.53\cos B - 1.5\sin B \tag{2-3}$$

$$B = \frac{360(n-81)}{364}$$

式中　n——所求日期在一年中的日子数。

所以式（2-2）可改为：

$$真太阳时 = 北京时 + E - 4(L_{st} - L_{loc})$$

用角度表示的太阳时称为太阳角，以 ω 表示。它是以一整天 24h 为周期的变化量，太阳午时 $\omega = 0°$，上昼取负值，下昼取正值。每周期变化为 $\pm 180°$，每小时等效于 15°，如上昼 10 点相当于 $\omega = -30°$；下昼 3 点相当于 $\omega = 45°$。

$$\omega = （北京时 - 12）\times 15° \tag{2-4}$$

日出时角，日落时角可用下式计算：

$$\omega_0 = \pm \arccos(-\tan\varphi\tan\delta) \tag{2-5}$$

式中　ω_0——真太阳时角，（°）；

　　　φ——当地经度，（°），唐山为东经 118°。

通过上式可分别计算出日出时和日落时，它们的差值就是当地可能的日照时间，也可用下面公式求得：

$$N_0 = \frac{2}{15}\arccos(-\tan\varphi\tan\delta) \tag{2-6}$$

式中　N_0——可能日照时间，h。

2.1.2　太阳常数

太阳总辐照度等于一天文单位地球—太阳距离时，这个值称为太阳常数[3]。利用人造卫星等现代工具，在大气层外、平均日地距离处，垂直于入射光的平面上的每平方米面积、每小时内测得的太阳辐照度为 1353W/m²，称为太阳常数，以 G_{sc} 表示。太阳常数是个相对稳定的常数，依据太阳黑子变化，变化范围较小，在 $\pm 3\%$ 范围内变化，可由下式计算：

$$G_{on} = G_{sc}\left(1 + 0.033\cos\frac{360°}{365}\right) \tag{2-7}$$

式中　G_{on}——一年中第 n 天在法向平面上测得的大气层外的辐照度。

2.1.3　太阳入射角的计算

太阳能集热器所获得的太阳直射辐射能量，主要由太阳入射角 θ 决定。函数关系为 $\theta = f(\delta, \phi, \beta, \gamma, \omega)$ 它是太阳赤纬角 δ、地理纬度 ϕ、太阳能集热器的倾斜角 β 和方位角 γ 以及太阳时角 ω 的函数。袁阳在文献 [4] 中推导出太阳能入射角的计算：

$$\cos\theta = \sin\delta\sin\phi\cos\beta - \sin\delta\cos\phi\sin\beta\cos\gamma + \cos\delta\cos\phi\cos\beta\cos\omega + \\ \cos\delta\sin\phi\sin\beta\cos\omega\cos\gamma + \cos\delta\sin\beta\sin\gamma\sin\omega \tag{2-8}$$

用此公式可以计算出于任何地点、任何时节、任何时间、太阳能集热器处于任意几何位置上的太阳入射角。

2.1.4 太阳辐照量

2.1.4.1 大气层外太阳辐照量

太阳辐射通过大气层，部分被大气层反射、散射、吸收，最终通过大气层抵达地球表面单位时间、单位面积的辐射能量称为太阳辐照度[5]。所有地区、任意一天内的任意时间，大气层外水平面上的太阳辐照度可由下式计算：

$$G_0 = G_{sc} G_{on} \cos\theta_z \tag{2-9}$$

式中 G_{sc}——太阳常数。

一天内辐照量 H_0 可通过下式计算：

$$H_0 = \frac{24 \times 3600 G_{sc}}{\pi} \left[1 + 0.033\cos\left(\frac{360° \times n}{365}\right)\right] \times \left(\cos\varphi\cos\delta\sin\omega_s + \frac{2\pi\omega_s}{360°}\sin\varphi\sin\delta\right) \tag{2-10}$$

式中 H_0——一天内太阳辐照量，J/m^2；

ω_s——日落时角，(°)，可由下式计算得到：

$$\omega = \arccos(-\tan\delta\tan\varphi) \tag{2-11}$$

如果要计算大气层外水平面上，每小时内太阳的辐照量 I_0，可由下式求得：

$$I_0 = \frac{12 \times 3600 G_{sc}}{\pi} \left[1 + 0.033\cos\left(\frac{360° \times n}{365}\right)\right] \times \\ \left[\cos\varphi\cos\delta(\sin\omega_2 - \sin\omega_1) + \frac{2\pi(\omega_2 - \omega_1)}{360°}\sin\varphi\sin\delta\right] \tag{2-12}$$

式中，ω_1 为对应 1h 的起始时角，ω_2 为终了时角，$\omega_2 > \omega_1$。

2.1.4.2 大气透明度

大气透明度[5,6]τ（或浑浊度）是另一重要指标。它是气象条件、海拔高度、大气质量、大气组分（如水汽和气溶胶含量）等因素的复杂函数。中外科学家在这方面都做了许多研究，想通过建立大气透明度的精确模型直接计算到达地面的太阳辐射量。下面介绍 Hottle（1976 年）提出的标准晴空大气透明度计算模型。对于直射辐射的大气透明度 τ_b，可由下式计算，即：

$$\tau_b = a_0 + a_1 e^{-k/\cos\theta_z} \tag{2-13}$$

式中，a_0、a_1 和 k 是在大气能见度达到 23km 时标准晴空物理常数。当海拔高度小于 2.5km 时，可先求出对应的 a_0^*、a_1^* 和 k^*，然后通过思考气候类型的修正系数 $r_0 = \frac{a_0}{a_0^*}$，$r_1 = \frac{a_1}{a_1^*}$，$r_k = \frac{k}{k^*}$，最后求得 a_0、a_1 和 k。

其中，a_0^*、a_1^* 和 k^* 可由下式计算得出：

$$a_0^* = 0.4237 - 0.00821(6 - A)^2 \qquad (2-14)$$

$$a_1^* = 0.5055 - 0.00595(6.5 - A)^2 \qquad (2-15)$$

$$k^* = 0.2711 + 0.01858(2.5 - A)^2 \qquad (2-16)$$

式中　A——海拔高度，km。

修正系数由表 2-1 给出。

表 2-1　修正系数

气候类型	r_0	r_1	r_k
亚热带	0.95	0.98	1.02
中等纬度（夏天）	0.97	0.99	1.02
高纬度（夏天）	0.99	0.99	1.01
中等纬度（冬天）	1.03	1.01	1.00

对于散射辐射，大气透明度计算公式为：

$$\tau_d = 0.271 - 0.2939\,\tau_b \qquad (2-17)$$

上述大气透明度公式是在标准晴空（23km 能见度）下考虑了大气质量（即太阳天顶角）、海拔高度和四种气候时类型所建的数学模型。我国学者从大气中水汽和气溶胶含量、大气质量以及海拔高度等因素研究大气透明度，也取得很好的结果。

$$D = KQ_i(a + bn_{mh} + cn_1) \qquad (2-18)$$

式中，a 和 b 系数的确定通常有两种方法[7]。一种是利用日射站求得的拟合系数作线性内插，得到其系数的空间分布；另一种是寻求拟合系数与其他因子的规律，选用经验方程拟合的方法求得。线性内插的方法仅仅取决于两站之间的相对位置，而没有考虑地形或其他因子的影响。针对我国地势复杂，高差悬殊且日射站分布不均匀的特点，采用经验公式拟合的方法确定公式中各系数。

表 2-2 是各日射站的海拔高度按 8 个不同等级统计出的平均海拔高度 $\overline{H}$、平均年绝对湿度 $\overline{E}_年$ 与各级海拔高度范围中平均系数 $\overline{a}$、$\overline{b}$、$\overline{c}$ 的对应统计表。

表 2-2　$\overline{a}$、$\overline{b}$、$\overline{c}$ 系数与 $\overline{H}$ 和 $\overline{E}_年$ 的对应统计表

项目 高度/m	站数 n	海拔 $\overline{H}$	$\overline{E}_年$	$\overline{a}$	$\overline{b}$	$\overline{c}$
0~50	15	24	16.3	0.228	0.050	-0.088
50~100	7	73	15.9	0.212	0.123	-0.074
100~200	9	146	14.7	0.212	0.115	-0.055

续表 2 - 2

项目 高度/m	站数 n	海拔 $\overline{H}$	$\overline{E}_年$	$\overline{a}$	$\overline{b}$	$\overline{c}$
200 ~ 500	7	342	14.4	0.243	0.058	-0.100
500 ~ 1000	10	733	9.8	0.203	0.208	-0.160
1000 ~ 2000	13	1305	8.2	0.216	0.193	-0.254
2000 ~ 3500	5	2726	6.5	0.157	0.244	0.055
> 3500	4	4038	4.0	0.117	0.256	0.212

表 2 - 3 是海拔高度 $H > 2000m$ 以上的 9 个日射站的海拔高度 H 与系数 c 之间的对应统计表。由表 2 - 2 和表 2 - 3 可得计算各系数的经验公式，见表 2 - 4。

表 2 - 3　c 与 H 的对应统计表

站名	H	c	站名	H	c
威宁	2235	0.043	拉萨	3659	0.204
西宁	2296	-0.036	玉树	3704	0.155
格尔木	2809	0.085	噶尔	4279	0.325
峨眉山	3049	0.049	那曲	4509	0.165
昌都	3242	0.132			

表 2 - 4　系数 a、b、c 的经验公式

适用范围	点数	经验式	相关系数
$H > 0$	8	$a = 0.229 - 0.000026H$	-0.937
$H > 0$	8	$b = 0.334 - 0.0159E_年$	-0.929
$H < 2000m$	6	$c = -0.0586 - 0.000145H$	-0.973
$H > 2000m$	9	$c = -0.2420 + 0.000111H$	0.845

如表 2 - 4 所示，a、b 和 c 系数与海拔高度 H 和年平均绝对湿度 $E_年$ 呈较好的直线关系。由于 $\overline{H}$ 与 $\overline{E}_年$ 的相关系数高达 -0.928，因此，系数 a 和 c 实质上也是绝对湿度的函数。海拔高度对散射辐射的影响，是由于当高度增加时，太阳辐射经过大气的路径缩短，大气中散射太阳辐射的空气分子、水汽以及气溶胶的粒子数也明显减少。必须指出的是，表 2 - 4 中系数 a、b 和 c 反映了实际大气中水汽和气溶胶对于散射辐射的作用。当 n_{mh} 和 n_e 均为零时，即为碧空时的散射辐射 $D_0 = KQ_i a$，由于 a 随高度 H 增加而线性减小，因此碧空时的散射辐射 D_0 也随高度 H 的增加而减少。

2.1.4.3 月平均日的太阳辐照量

水平面月平均日的太阳辐照量计算如下式：

$$\overline{H} = \overline{H}_0\left(a + b\,\frac{\overline{n}}{\overline{N}}\right) \tag{2-19}$$

式中 $\overline{H}$——月平均日水平面上的辐照量，MJ/m^2；

$\overline{H}_0$——大气层外月平均日水平面上的辐照量，MJ/m^2；

$\overline{n}$——月平均日的日照时数，h；

$\overline{N}$——月平均日的最大日照时数，h；

a，b——常数，根据各地气候和植物生长类型来确定，$a = 36$，$b = 23$。

2.1.4.4 标准晴天水平面上的辐射量

晴天时水平面上的辐照度由下式可求得：

$$G_{c,n,b} = G_{o,n}\,\tau_b \tag{2-20}$$

式中 τ_b——晴天，直射辐射的大气透明度；

$G_{o,n}$——大气层外，垂直于辐射方向上的太阳辐照度；

$G_{c,n,b}$——晴天，垂直于辐射方向上的直射辐照度。

水平面上的直射辐照度为：

$$G_{c,b} = G_{o,n}\,\tau\,b\cos\theta_z \tag{2-21}$$

1h 内，水平面上直射辐照量为：

$$I_{c,b} = I_{o,n}\,\tau_b\cos\theta_z = 3600 G_{c,b} \tag{2-22}$$

相对应的散射辐射部分公式为：

$$G_{c,b} = G_{o,n}\,\tau_b\cos\theta_z \tag{2-23}$$

$$I_{c,d} = I_{o,n}\,\tau_b\cos\theta_z = 3600 G_{c,d} \tag{2-24}$$

1h 内，水平面上的总辐照量为：

$$I_c = I_{c,b} + I_{c,d} \tag{2-25}$$

无论是月平均日辐照量还是单位小时内辐照量，它们都是指水平面上接收到的太阳辐射。现实中集热器并不是水平放置的，有一个倾斜角 β。而倾斜面和水平面上接收到的直射辐照量有一个比值，称为修正因子[8] R_b。图 2-1 给出了倾斜面上直射辐射示意图。

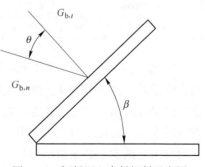

修正因子 R_b 可由下式计算：

$$R_b = \frac{\cos\theta}{\cos\theta_z} \tag{2-26}$$

图 2-1 倾斜面上直射辐射示意图

式中 θ_z——太阳水平面上的入射角，(°)。

若太阳能集热器方位角 $r = 0°$（北半球朝南放置），则：

$$R_b = \frac{\cos(\varphi - \beta)\cos\delta\cos\omega + \sin(\varphi - \beta)\sin\delta}{\cos\varphi\cos\delta\cos\omega + \sin\varphi\sin\delta} \quad (2-27)$$

因为太阳能集热器不仅能吸收直射辐射，也能吸收散射辐射。同样的散射辐射也有其修正因子 R_d 和 R_ρ。设太阳能集热器倾斜角为 β，假定散射辐射是各向同性的。

太阳能集热器对天空的可见因子为：

$$R_d = \frac{1 + \cos\beta}{2} \quad (2-28)$$

太阳能集热器对地面的可见因子为：

$$R_\rho = \frac{1 - \cos\beta}{2} \quad (2-29)$$

2.1.4.5 任意倾斜面上的太阳总辐射

任意倾斜面上的太阳总辐射[9]也可以由下式求得：

$$\overline{H}_T = \overline{H}_b \overline{R}_b + \overline{H}_d \frac{1 + \cos S}{2} + \overline{H}\rho \frac{1 - \cos S}{2} \quad (2-30)$$

式中　　$\overline{H}_T$——倾斜面上的总辐射；

　　　　$\overline{H}$——水平面上的总辐射；

　　　　$\overline{H}_b$——水平面上的直接辐射；

　　　　$\overline{H}_d$——水平面上的漫射辐射；

　　　　$\overline{R}_b$——倾斜面与水平面直接辐射的比值；

　　　　S——倾斜面与水平面的夹角；

　　　　ρ——地面反射率；

　　　　$\dfrac{1 + \cos S}{2}$——漫射辐射修正因子；

　　　　$\dfrac{1 - \cos S}{2}$——地面反射辐射的修正因子。

一日中从 $\omega_1 \sim \omega_2$ 时角间隔内，倾斜面与水平面直接辐射比值 $\overline{R}_b$，可由如下积分公式计算：

$$\overline{R}_b = \frac{\int_{\omega_1}^{\omega_2} H_n \cos\psi\, d\omega}{\int_{\omega_1}^{\omega_2} H_n \cos Z\, d\omega} = \frac{\int_{\omega_1}^{\omega_2} \cos\psi\, d\omega}{\int_{\omega_1}^{\omega_2} \cos Z\, d\omega} \quad (2-31)$$

式中　H_n——太阳常数经日地距离修正后的数值。

$$\cos\psi = \sin\delta\sin\phi\cos S - \sin\delta\cos\phi\sin S\cos\gamma + \cos\delta\cos\phi\cos S\cos\omega +$$
$$\cos\delta\sin\phi\sin S\cos\gamma\cos\omega + \cos\delta\sin S\sin\gamma\sin\omega \quad (2-32)$$

$$\cos Z = \sin\delta\sin\phi + \cos\delta\cos\phi\cos\omega \quad (2-33)$$

式中　ϕ——地理纬度；

S——倾斜面与水平面的夹角；

γ——倾斜面的方位角，变化范围为 $-90° \sim 90°$，正北方向以东为正，以西为负；

ω——时角，正午为零，下午为正，上午为负；

δ——太阳赤纬角。

太阳赤纬角可由如下公式计算得到：

$$\delta = 23.45°\sin f \qquad (2-34)$$

其中

$$f[\text{弧度}] \approx f_0 = \frac{2\pi(284 + n)}{365.24} \qquad (2-35)$$

式中　n——一年中从 1 月 1 日开始的天数，规定 1 月 1 日时，$n=1$。

2.1.4.6　晴空指数

晴空指数[10]是评价天气好坏的指标之一。月平均的晴空指数是由水平面上月平均日辐射与大气层外月平均日辐射之比。

$$\overline{K}_T = \frac{\overline{H}}{\overline{H}_0} \qquad (2-36)$$

相应地，定义一天的晴空指数 K_T，它是某天的日辐照量与同一天大气层外日辐照量之比，公式如下：

$$\frac{\overline{H}_d}{\overline{H}} = 0.775 + 0.00653(\omega_S - 90) - \qquad (2-37)$$

$$[0.505 + 0.00455(\omega_S - 90)]\cos(115\overline{K}_T - 103)$$

2.1.4.7　太阳能集热器上的辐照度

上面已经给出了单位小时内的水平面上总辐照量 I_c、直射辐射 $I_{c,d}$、散射辐射 $I_{c,b}$ 以及倾斜面上接收到直射辐照量的修正因子 R_b，由此可以得出太阳能集热器上的辐照度计算公式：

$$I_T = I_{c,b}R_b + I_{c,d}R_d + I_c\rho R_\rho \qquad (2-38)$$

式中　ρ——地面反射率，普通地面取 0.2。

2.2　计算结果

唐山的纬度 ϕ 为 40°，海拔高度 A 为 400m。夏季取典型日为计算对象，取方位角 γ 为 0°，太阳能集热器倾角 β 为 16°。冬季取典型日取方位角 γ 为 0°，太阳能集热器倾角 β 为 63.5°。

图 2-2 是唐山冬季典型日太阳能集热器上太阳辐照度随时间的变化。如图可知，在给定时间内，太阳能集热器上辐照度先增加后减小，存在极值，出现极

大值时间在中午 12:00 左右。

    图 2 - 3 是唐山夏季典型日太阳能集热器上太阳辐照度随时间的变化。在给定时间内，太阳能集热器上辐照度先增加后减小，存在极值，出现极大值时间在中午 12:00 左右，这与图 2 - 2 规律相似。图 2 - 2 和图 2 - 3 对比表明，冬季典型日太阳能集热器最大辐照度要比夏季典型日最大辐照度约小 $250W/m^2$。

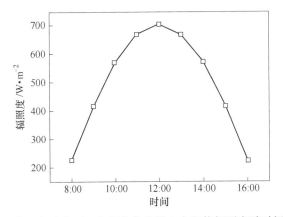

图 2 - 2 唐山冬季典型日太阳能集热器上太阳能辐照度随时间的变化

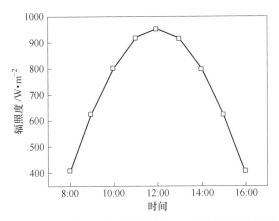

图 2 - 3 唐山夏季典型日太阳能集热器上太阳能辐照度随时间的变化

2.3 小结

    介绍了太阳角和赤纬角的概念及其计算公式，同时也给出了太阳入射角的计算方法。给出了太阳辐照度在水平面和任意倾斜面上的计算公式，并以唐山地区为例，计算得到了唐山夏季典型日和冬季典型日太阳能集热器上的逐时辐照度，逐时辐照度在正午 12 点最大。

参 考 文 献

［1］ Cooper P I. The absorption of radiation in solar stills ［J］. Solar Energy, 1969, 12 （3）: 333 ~ 346.

［2］ 金晓斌. 住宅楼太阳能综合利用的研究 ［D］. 南京: 南京理工大学, 2008: 10 ~ 11.

［3］ 苏拾. 气象用太阳辐射计量仪表检定系统研究 ［D］. 长春: 长春理工大学, 2012: 14 ~ 15.

［4］ 袁阳. 光伏并网发电系统关键技术研究 ［D］. 郑州: 中原工学院, 2013: 42 ~ 45.

［5］ 张鹤飞. 太阳能热利用原理与计算机模拟 ［M］. 西安: 西北工业大学出版社, 2004: 9 ~ 44.

［6］ 方先金. 中国大气透明度系数的研究 ［J］. 南京气象学院学报, 1985 （3）: 293 ~ 304.

［7］ 祝昌汉. 我国散射辐射的计算方法及其分布 ［J］. 太阳能学报, 1984, 5 （3）: 242 ~ 249.

［8］ 程艳斌, 何官兴, 唐润生. 倾斜面上直射辐射计算方法的探讨 ［J］. 云南师范大学学报, 2009, 29 （2）: 49 ~ 53.

［9］ 朱志辉. 任意方位倾斜面上的总辐射计算 ［J］. 太阳能学报, 1981, 2 （2）: 209 ~ 212.

［10］ 李峥嵘, 姚万祥, 赵群, 等. 水平面日太阳散射辐射模型对比研究 ［J］. 太阳能学报, 2013, 34 （5）: 794 ~ 799.

3　太阳能平板集热器性能研究

建立太阳能平板集热器数学模型，求解非线性方程组，对太阳能平板集热器进行性能分析。

3.1　太阳能平板集热器热力学分析

3.1.1　太阳能平板集热器能量方程

在稳定状态下，太阳能平板集热器的能量平衡方程有[1,2]：

$$Q_U = Q_A - Q_L \qquad (3-1)$$

$$Q_A = AG(\tau\alpha)_e \qquad (3-2)$$

$$Q_L = AU_L(t_p - t_a) \qquad (3-3)$$

$$\eta = \frac{Q_U}{AG_T} \qquad (3-4)$$

式中　Q_U——太阳能平板集热器在给定时间内输出的有效能量，W；

　　　Q_A——同一时间内入射在太阳能平板集热器上的太阳辐照量，W；

　　　Q_L——同一时间内太阳能平板集热器向四周环境散失的能量，W；

　　　η——太阳能平板集热器效率；

　　$(\tau\alpha)_e$——透明盖板透射比与吸热板吸收比的有效乘积；

　　　t_p——吸热板温度，℃；

　　　t_a——环境温度，℃；

　　　A——太阳能平板集热器面积，m^2；

　　　G_T——太阳能平板集热器上的太阳辐照度，W/m^2。

由于太阳能集热器平均温度不好获取，因此选用以太阳能平板集热器入口温度为参考的归一化温差，单位为（$m^2 \cdot K$）/W。计算公式如下式：

$$T_i^* = \frac{t_i - t_a}{G_{T,i}} \qquad (3-5)$$

式中　T_i^*——归一化温差，℃；

　　　t_i——太阳能平板集热器入口温度，℃。

3.1.2　太阳能平板集热器热损失系数及效率方程

要计算太阳能平板集热器出口温度，需要先求得太阳能平板集热器的热损失系数和效率因子[3]。

3.1.2.1　热损失系数

（1）顶部热损失系数 U_t：

$$U_t = \left[\frac{N}{\frac{344}{T_p} \times \left(\frac{T_p - T_a}{N + f}\right)^{0.31}} + \frac{1}{h_w}\right]^{-1} + \frac{\sigma(T_p + T_a) \times (T_p^2 + T_a^2)}{\frac{1}{\varepsilon + 0.0425N(1 - \varepsilon_p)} + \frac{2N + f - 1}{\varepsilon_g}} - N$$

$$\tag{3-6}$$

$$f = (1 - 0.04h_w + 5 \times 10 - 4h_w^2) \times (1 + 0.058N) \tag{3-7}$$

$$h_w = 5.7 + 3.8v \tag{3-8}$$

式中　N——透明盖板层数；

T_p——吸热板温度，K；

T_a——环境温度，K；

ε_p——吸热板的发射率；

ε_g——透明盖板的发射率；

h_w——环境空气与透明盖板的对流换热系数，W/（m² · K）；

v——环境风速，m/s。

（2）底部热损失系数 U_b：

$$U_b = \frac{\lambda}{\delta} \tag{3-9}$$

式中　λ——隔热层材料的导热系数，W/（m · K）；

δ——隔热层的厚度，m。

（3）侧面热损失系数 U_e：

$$U_e = \frac{\lambda}{\delta} \tag{3-10}$$

（4）总热损失系数：

$$U_L = U_t + U_b + U_e \tag{3-11}$$

3.1.2.2　太阳能平板集热器效率因子

太阳能平板集热器效率因子[4] F' 的表达式为：

$$F' = \frac{\frac{1}{U_L}}{W\left[\frac{1}{U_L[D + (W - D)F]}\right] + \frac{1}{C_b} + \frac{1}{\pi D_i h_{f,i}}} \tag{3-12}$$

式中　W——排管的中心距，m；

  D——排管的外径，m；

  D_i——排管的内径，m；

  U_L——集热器总热损失系数，W/(m² · K)；

  $h_{f,i}$——传热工质与管壁的换热系数，W/(m² · K)；

  F——翅片效率；

  C_b——结合热阻，W/(m² · K)。

上式中

$$F = \frac{\tanh[m(W-D)/2]}{m(W-D)/2} \qquad (3-13)$$

$$m = \sqrt{\frac{U_L}{\lambda \delta}} \qquad (3-14)$$

$$C_b = \frac{\lambda_b b}{\gamma} \qquad (3-15)$$

式中 λ——翅片的导热系数，W/(m · K)；

  δ——翅片的厚度，m；

  λ_b——结合处的导热系数，W/(m · K)；

  γ——结合处的平均厚度，m；

  b——结合处的宽度，m；

  tanh——双曲正切函数。

3.1.2.3 用太阳能集热器进口温度表示的效率

太阳能平板集热器效率用集热器进口温度[5]来表示，如下：

$$\eta = F_R \left[(\tau \alpha)_e - U_L \frac{t_i - t_a}{G_T} \right] = F_R(\tau \alpha)_e - F_R U_L \frac{t_i - t_a}{G_T} \qquad (3-16)$$

3.2 太阳能平板集热器计算与模拟

  图3-1是太阳能平板集热器的尺寸图。图中，L为太阳能平板集热器的长度；W为太阳能平板集热器的宽度；L_a、W_a为太阳能平板集热器有效吸热面的长度与宽度；t为太阳能平板集热器的厚度。

  图3-2是太阳能平板集热器结构示意图。其中，Cover1、Cover2是玻璃盖板，代表这台太阳能平板集热器有两层玻璃盖板；Plate是吸热板，作用是吸收太阳辐射热量加热管内的冷却水。表3-1给出了太阳能平板集热器的性能参数。表3-2给出了太阳能平板集热器的主要尺寸参数，太阳能平板集热器的总吸收面积为2.729m²。

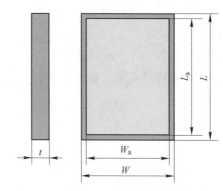

图 3 - 1　太阳能平板集热器尺寸

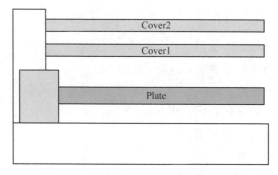

图 3 - 2　太阳能平板集热器结构示意图

表 3 - 1　太阳能平板集热器的性能参数

项　目	参　数	项　目	参　数
透明盖板材料	玻璃	吸热板材料	铜
透明盖板折射率	1.526	吸热板导热系数	380W/(m·k)
透明盖板透射比	0.891	流体管道数量	10
透明盖板吸收率	0.88	流体管道内径	1.6cm
透明盖板透射比	0	流体管道外径	1.8cm

表 3 - 2　太阳能平板集热器的主要尺寸参数

外形尺寸	长	L	2.491m
	宽	W	1.221m
	厚	t	0.079m
吸收面尺寸	长	L_a	2.400m
	宽	W_a	1.137m
	总面积	A_g	3.042m^2
	吸收面面积	A_a	2.729m^2

3.2.1　太阳能平板集热器的模拟

唐山市气象参数：年平均气温 11.1℃，夏季平均气温 25.5℃，最高气温 40℃，平均最高气温 28℃，平均最低气温 18℃，自来水温度 20℃。

独立变量：太阳辐射强度 G_T、太阳散射强度与太阳辐射强度比 G_d/G_T、集热器倾角 β、太阳入射角 θ、空气湿度 R、环境温度 T_{amb} 和风速 v。太阳能平板集热器求解步骤，如图 3 - 3 所示。

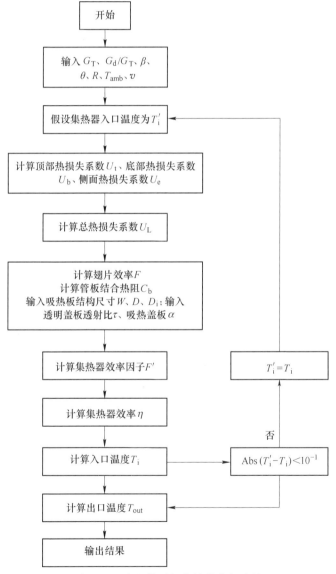

图 3 - 3　太阳能平板集热器求解步骤

3.2.2　太阳能平板集热器模拟结果

建立太阳能平板集热器数学模型，通过求解非线性方程组，获得结果如下。

3.2.2.1　玻璃盖板对太阳能平板集热器性能影响

模拟工况为：太阳辐射强度 $G_T = 500\text{W}/\text{m}^2$；$G_d/G_T = 18\%$；太阳入射角 $\theta = 0°$；太阳能集热器倾角 $\beta = 16°$；环境温度 $T_{amb} = 25.5℃$；风速 $V_{wind} = 2.2\text{m}/\text{s}$；空气湿度 $R = 30\%$；流量 $V = 4.75 \times 10^{-3}\text{m}^3/\text{min}$。

图 3 - 4 所示为太阳能平板集热器效率与归一化温差的关系。由图可见，随着归一化温差的增大，太阳能平板集热器效率逐渐降低。因为归一化温差的增大伴随着太阳能平板集热器入口温度的升高，这导致太阳能平板集热器效率降低。图 3 - 4 也可以看出，采用单层透明盖板时太阳能平板集热器效率开始是优于双层透明盖板，当归一化温差增大到 0.06 时（此时太阳能平板集热器进口温度为 45℃），双层优于单层，也就是说进口温度大于 45℃时双层透明盖板太阳能平板集热器效率优于单层透明盖板。

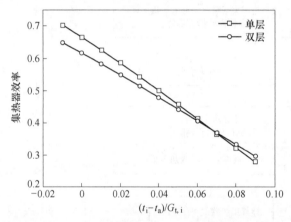

图 3 - 4　归一化温差对太阳能平板集热器效率的影响

图 3 - 5 所示为太阳能平板集热器总热损失系数 U_L 随归一化温差 $(t_i - t_a)/G_{t,i}$ 的变化。从图可以看出，随着归一化温差 $(t_i - t_a)/G_{t,i}$ 的增加，总热损系数 U_L 逐渐减小，在归一化温差 $(t_i - t_a)/G_{t,i} < 0.02$ 时，热损系数较大，这个区间变化较快。当归一化温差 $(t_i - t_a)/G_{t,i} > 0.02$ 后，总热损系数 U_L 变化缓慢，总热损系数 U_L 值保持在一个稳定区间。从图 3 - 5 中还可以看出，当太阳能平板集热器采用双层透明盖板时热损失系数明显低于采用单层透明盖板时。

3.2.2.2　归一化温差对太阳能平板集热器性能的影响

模拟工况为：太阳辐射强度 $G_T = 500\text{W}/\text{m}^2$；$G_d/G_T = 18\%$；太阳入射角 $\theta = 0°$；集热器倾角 $\beta = 16°$；环境温度 $T_{amb} = 25.5℃$；风速 $v_{wind} = 2.2\text{m}/\text{s}$；空气湿度

$R = 30\%$；流量 $V = 4.75 \times 10^{-3} \, \mathrm{m^3/min}$；采用单层玻璃盖板。

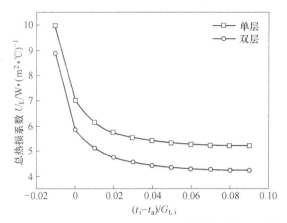

图 3-5 归一化温差 $(t_i - t_a)/G_{t,i}$ 对总热损系数 U_L 的影响

图 3-6 所示为太阳能平板集热器输出的有效能量 Q_U 和集热器出口温度 T_{out} 随着归一化温差的变化。由图可知，随着归一化温差的增加，太阳能平板集热器输出有效能量 Q_U 逐渐减小，也就是说在太阳能平板集热器入口温度和出口温度增加时，太阳能平板集热器输出的有效能量在减小。这是因为太阳能平板集热器入口温度增加，太阳能平板集热器效率降低，导致太阳能平板集热器利用太阳能的能力减弱。

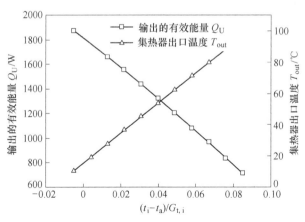

图 3-6 归一化温差对 Q_U 和 T_{out} 的影响

3.2.2.3 吸热板材料对太阳能平板集热器性能的影响

模拟工况为：太阳辐射强度 $G_T = 500 \mathrm{W/m^2}$；$G_d/G_T = 18\%$；太阳入射角 $\theta = 0°$；集热器倾角 $\beta = 16°$；环境温度 $T_{amb} = 25.5℃$；风速 $v_{wind} = 2.2 \mathrm{m/s}$；空气湿度 $R = 30\%$；流量 $v = 4.75 \times 10^{-3} \, \mathrm{m^3/min}$。

对吸热板采用不同材质的太阳能平板集热器效率进行了比较，模拟中采用的三种材质分别是铜、铝合金、碳素钢，结果如图 3 – 7 所示。由图可知，随归一化温差增大，太阳能平板集热器效率逐渐减小；吸热板采用铜时太阳能平板集热器最优，铝合金次之，碳素钢最差。所以在设计太阳能集热器时尽量采用铜作为吸热板材料。

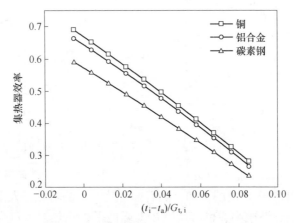

图 3 – 7　吸热板不同材质对太阳能平板集热器效率的影响

3.2.2.4　环境温度对太阳能平板集热器性能的影响

模拟工况：太阳辐射强度 $G_T = 500 \text{W/m}^2$；$G_d/G_T = 18\%$；太阳入射角 $\theta = 0°$；集热器倾角 $\beta = 65°$；环境温度 $T_{amb} = 10℃$；风速 $v_{wind} = 2.2 \text{m/s}$；空气湿度 $R = 20\%$；流量 $v = 4.75 \times 10^{-3} \text{m}^3/\text{min}$；采用单层玻璃盖板。

图 3 – 8 所示为太阳能平板集热器效率和太阳能平板集热器出口温度随着环境温度的变化。由图可知，随着环境温度 T_{amb} 的增加，太阳能平板集热器效率先

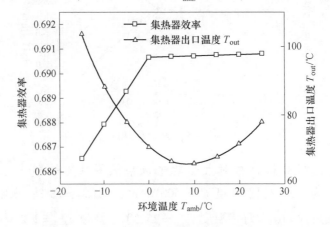

图 3 – 8　环境温度 T_{amb} 对太阳能平板集热器效率和出口温度 T_{out} 的影响

逐渐减小，当环境温度大于10℃以后，太阳能平板集热器效率又开始逐渐增加。随着环境温度 T_{amb} 的增加，太阳能平板集热器出口温度逐渐增加。当环境温度 T_{amb} <0℃时，太阳能平板集热器出口温度增加幅度较大；但当环境温度 T_{amb} > 0℃时，太阳能平板集热器出口温度增加缓慢，幅度很小。从图中集热器出口温度的曲线可以看出，即使是环境温度小于0℃，太阳能平板集热器出口温度依然可以达到大于60℃，这个温度的热水经过辅助加热提升温度，依然可以用来驱动热泵或者直接供暖。

3.3　小结

通过对太阳能平板集热器建立数学模型，并通过求解非线性方程组，对太阳能平板集热器的性能进行了模拟研究。研究表明，采用单层透明盖板时太阳能平板集热器效率开始时优于双层透明盖板，当归一化温差增大到0.06时，双层优于单层。随着归一化温差的增加，太阳能平板集热器总热损失系数和输出有效能量逐渐减小，采用双层玻璃盖板的太阳能平板集热器，总热损失系数低于单层透明盖板太阳能平板集热器。吸热板采用铜时集热器效率最优，铝合金次之，碳素钢最差。随着环境温度的增加，太阳能平板集热器效率先逐渐减小，当环境温度大于10℃以后，太阳能平板集热器效率又开始逐渐增加。

参 考 文 献

[1] 刘一福. 扰流板型太阳能平板空气集热器数值模拟研究 [D]. 衡阳：南华大学，2012.
[2] 高腾. 平板太阳能集热器的传热分析及设计优化 [D]. 天津：天津大学，2011.
[3] Patterson M R. Numerical fits of the properties of lithium – bromide water solutions [J]. ASHRAE Transactions，1988，2（94）：2059~2077.
[4] 张鹤飞. 太阳能热利用原理与计算机模拟 [M]. 西安：西北工业大学出版社，2004.
[5] 王兴华. 平板太阳空气集热器增湿工况热效能研究 [D]. 甘肃：兰州交通大学，2013.

4 太阳能吸收式热泵系统性能研究

4.1 吸收式热泵基础

4.1.1 吸收式热泵定义

吸收式热泵以消耗一部分温度较高的高位热能为代价，从低温热源吸取热量供给热用户。驱动它的热量可以来自煤、气、油等燃料的燃烧，也可以利用低温热能，如太阳能、地热等，也可以直接利用工业中的余热或废热[1]。图4-1所示为吸收式热泵原理图。

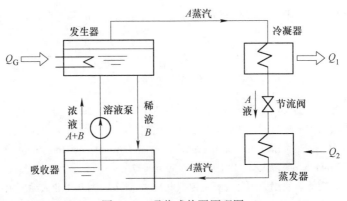

图4-1　吸收式热泵原理图

吸收式热泵主要由发生器、冷凝器、节流阀、蒸发器、吸收器和溶液泵等部分组成。当高温热源加热发生器时，由于工质容易汽化，在发生器中产生一定压力的蒸汽，例如A蒸汽，产生的蒸汽进入冷凝器定压放热，实现对外供热。高温、高压工质蒸汽经节流阀节流降压降温，实现蒸发器内定压吸热。蒸发器中低压蒸汽进入吸收器内，吸收器内有吸收剂，如B吸收剂，工质蒸汽再次被吸收剂吸收后的稀溶液进入发生器，周而复始地完成整个循环。

吸收式热泵制热系数为向热用户提供的热量Q_1与消耗的高位热能Q_G之比，即：

$$\text{COP} = \frac{Q_1}{Q_G} \tag{4-1}$$

式中　Q_1——向热用户提供的热量；

　　　Q_G——发生器消耗的高位热能。

4.1.2　吸收式热泵分类

按驱动热源种类[2]，可以分为蒸汽型、热水型、直燃型、余热型和复合型等吸收式热泵；按工质对种类，可以分为溴化锂 – 水吸收式热泵和氨 – 水吸收式热泵；按驱动热源利用方式，可以分为单效型、多效型和多级型等吸收式热泵；按驱动热源和供热形式，可以分为第一类吸收式热泵和第二类吸收式热泵。

4.1.3　吸收式热泵特点

吸收式热泵制热量要比压缩式大，制热量往往可达上千万焦耳，而压缩式热泵很难达到如此大功率，吸收式热泵中除溶液泵耗电外，并无其他耗电设备，而压缩式热泵耗电的主要设备为压缩机，耗电量十分可观。吸收式热泵制热系数要比压缩式低很多，吸收式热泵制热系数一般不高于1.7，低些的甚至低于0.5；而压缩式热泵制热系数普遍很高，一般可高于2.5以上，甚至更高，如特灵双级热泵制热系数甚至超过7.0。究其原因，主要是吸收式热泵消耗的能源为低品位热能，而压缩式热泵消耗的能源为高品位电能。

4.2　第一类吸收式热泵

4.2.1　第一类吸收式热泵原理

第一类吸收式热泵消耗的高温位热能的温度高于热用户要求的温度[3]。例如，以蒸汽、高温热水或煤气为驱动热源供给发生器，产生大量的中温有用热能，提供给热用户的热来自吸收器和冷凝器放出的热。同时，吸收式热泵工质在蒸发器内从低温位热源吸热而蒸发。通常，第一类吸收式热泵发生器利用的余热为150℃左右的蒸汽，提供给热用户的为70～80℃的热水，第一类吸收式热泵的性能系数大于1，一般为1.5～2.5。第一类吸收式热泵也称增热型热泵。图4 – 2所示为第一类吸收式热泵工作原理，图4 – 3所示为第一类吸收式热泵 p – T 图。

4.2.2　第一类吸收式热泵性能系数

制热系数：

$$\text{COP}_h = \frac{Q_A + Q_C}{Q_G} \tag{4-2}$$

制冷系数:

$$COP_c = \frac{Q_E}{Q_G} \qquad (4-3)$$

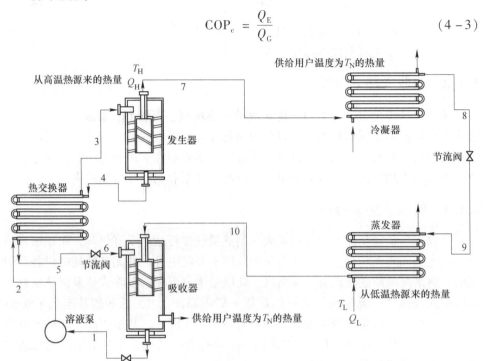

图 4-2 第一类吸收式热泵工作原理

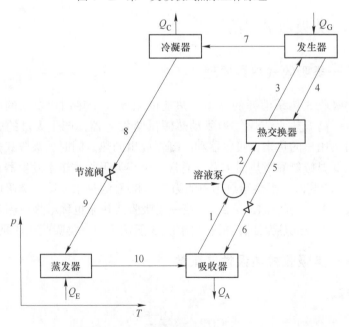

图 4-3 第一类吸收式热泵 $p-T$ 图

4.2.3 第一类吸收式热泵理想循环

设想在高温热源 T_G 和低温热源 T_L 之间工作的某一可逆热泵系统，该可逆热泵系统从高温热源 T_G 吸收热量 Q_G 作为可逆热泵驱动力。利用高位热源 T_G 与热用户 T_H 之间的温差，设置一台可逆的卡诺热机 RJ，将从热源吸收的热 Q_G 中，一部分转化为功 W，放出的热 Q_1' 提供给热用户。所产生的功提供给可逆热泵 RB，使其从低温热源吸取热量 Q_2，提供给热用户热量 Q_1''。图 4 - 4 所示为理想第一类吸收式热泵系统循环原理。

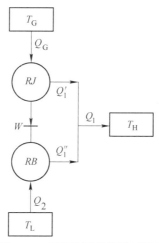

图 4 - 4　理想热泵系统循环原理

可逆卡诺热机 RJ 产生的功 W 和供给热用户的热量 Q_1' 分别为：

$$W = \frac{T_G - T_H}{T_G} Q_G \tag{4-4}$$

$$Q_1' = \frac{T_H}{T_G} Q_G \tag{4-5}$$

可逆热泵 RB 在功 W 作用下，向热用户提供的最大热量 Q_1'' 为：

$$Q_1'' = \frac{T_H}{T_H - T_L} W = \frac{T_H}{T_H - T_L} \frac{T_G - T_H}{T_G} Q_G \tag{4-6}$$

将式（4 - 6）代入吸收式热泵制热系数公式，得吸收式热泵最大制热系数为：

$$\mathrm{COP}_{max} = \frac{Q_1' + Q_1''}{Q_G} = \frac{T_H}{T_G} + \frac{T_H}{T_H - T_L} \frac{T_G - T_H}{T_G} = \frac{T_H}{T_H - T_L} \frac{T_G - T_L}{T_G} = \varphi_{max} \eta_c \tag{4-7}$$

式中　η_c——高温热源 T_G 与低温热源 T_L 之间卡诺循环的热效率；

φ_{max}——热用户 T_H 与低温热源 T_L 之间可逆热泵的理想制热系数。

由于 η_c 远小于 1，因此，COP_{max} 必然比 φ_{max} 小得多，只有它的 25% ~ 40%。这是由于吸收式热泵的制热系数的分母项所代表的能量有质的区别。压缩式热泵消耗的全部是高品位电能,而吸收式热泵消耗的仅是低品位热能,热能中只有一部分有做功能力,即热量㶲。当然,实际的吸收式热泵还存在各种不可逆损失,实际的制热系数 COP 还要比 COP_{max} 小得多。图 4 – 5 给出了第一类吸收式热泵原理,图 4 – 6 给出了第一类吸收式热泵 $T – s$ 图。

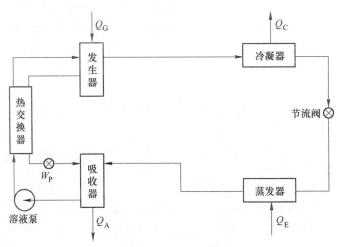

图 4 – 5　第一类吸收式热泵循环原理

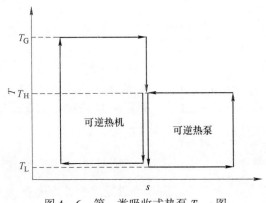

图 4 – 6　第一类吸收式热泵 $T – s$ 图

4.2.4　第一类吸收式热泵热力学分析

4.2.4.1　质量守恒方程

(1) 发生器:

$$m_3 = m_4 + m_7 \qquad (4 – 8)$$

考虑吸收剂浓度:

$$m_3 x_3 = m_4 x_4 \qquad (4 – 9)$$

循环倍率 f 为:

$$f = \frac{m_3}{m_7} = \frac{x_4}{x_4 - x_3} \tag{4-10}$$

（2）吸收器：

$$m_2 = m_3; \quad m_6 = m_4; \quad m_{10} = m_7; \quad x_2 = x_3; \quad x_6 = x_4 \tag{4-11}$$

4.2.4.2 能量守恒方程

吸收式热泵循环满足方程：

$$Q_G + Q_E + W_P = Q_A + Q_C \tag{4-12}$$

（1）发生器：

$$Q_G = m_4 H_4 + m_7 H_7 - m_3 H_3 \tag{4-13}$$

（2）吸收器：

$$Q_A = m_{10} H_{10} + m_6 H_6 - m_1 H_1 \tag{4-14}$$

（3）冷凝器：

$$Q_C = m_7 H_7 - m_8 H_8 \tag{4-15}$$

（4）溶液泵：

$$W_P = m_2 H_2 - m_1 H_1 \tag{4-16}$$

（5）蒸发器：

$$Q_E = m_{10} H_{10} - m_9 H_9 \tag{4-17}$$

4.3 第二类吸收式热泵

4.3.1 第二类吸收式热泵原理

第二类吸收式热泵是利用温度较低（如 $70 \sim 80℃$）的余热作为热源，经吸收式热泵工作后，提供温度水平更高的热能（如 $100℃$）给热用户。这并不违反热力学第二定律，因为余热源的温度高于环境温度，具有一定的做功能力，即具有一定的㶲值[4,5]。只要热泵提供的㶲小于或等于消耗热源的㶲，在理论上都是可以实现的。第二类吸收式热泵也称升温型热泵。

由于第二类吸收式热泵[6~8]驱动热源为大量的中温热源，产生的是少量的高温有用热能。与第一类吸收式热泵相比，第二类吸收式热泵性能系数更低，通常小于1，一般为 $0.4 \sim 0.5$。第一类吸收式热泵和第二类吸收式热泵应用目的不同，工作方式也不同。但都是工作于三热源之间，三个热源温度的变化对热泵循环会产生直接影响，升温能力增大，性能系数下降。

目前，吸收式热泵使用的工质主要有 $LiBr - H_2O$ 或 $NH_3 - H_2O$，其输出的最高温度一般不超过 $150℃$；升温能力一般为 $30 \sim 50℃$，制冷系数为 $0.8 \sim 1.6$，第一类吸收式热泵制热系数为 $1.2 \sim 2.5$，第二类吸收式热泵制热系数为 $0.4 \sim 0.5$。图 $4-7$ 给出了第二类吸收式热泵工作原理，图 $4-8$ 给出了第二类吸收式热泵 $p-T$ 图。

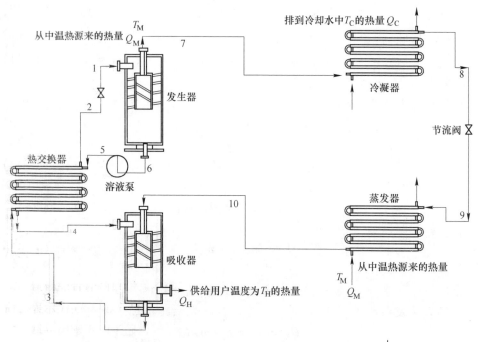

图 4-7　第二类吸收式热泵工作原理

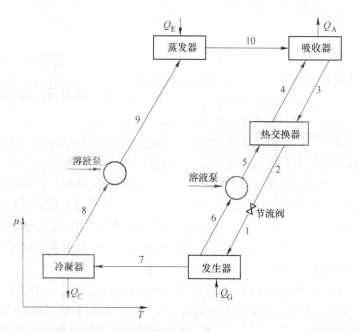

图 4-8　第二类吸收式热泵 p-T 图

4.3.2 第二类吸收式热泵性能系数

制热系数:

$$COP_h = \frac{Q_A}{Q_G + Q_E} \qquad (4-18)$$

制冷系数:

$$COP_c = \frac{Q_E}{Q_G + Q_E} \qquad (4-19)$$

4.3.3 第二类吸收式热泵理想循环

设想在高温热源 T_G 和低温热源 T_C 之间工作的某一可逆热泵系统,该可逆热泵系统从高温热源 T_G 吸收热量 Q_G 作为可逆热泵驱动力。利用高位热源 T_G 与热用户 T_A 之间的温差,设置一台可逆的卡诺热机 RJ,将从热源吸收的热 Q_G 中,一部分转化为功 W,放出的热 Q'_1 提供给热用户。所产生的功提供给可逆热泵 RB,使从低温热源吸取热量 Q_2,提供给热用户热量为 Q''_1。图 4-9 给出了理想第二类吸收式热泵系统循环原理。

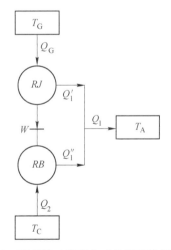

图 4-9 理想第二类吸收式热泵系统循环原理

参考第一类吸收式热泵计算过程,则有:

$$COP_{max} = \frac{Q_A}{Q_G + Q_E} = \frac{Q'_1 + Q''_1}{Q_G} = \frac{T_A}{T_A - T_C} \frac{T_G - T_C}{T_G} = \varphi_{max}\eta_c \qquad (4-20)$$

式中 η_c——高温热源 T_G 与低温热源 T_C 之间卡诺循环的热效率;

φ_{max}——热用户 T_A 与低温热源 T_C 之间可逆热泵的理想制热系数。

当然,实际的吸收式热泵还存在各种不可逆损失,实际的制热系数 COP 还

要比 COP_{max} 小得多。图 4 – 10 给出了第二类吸收式热泵循环原理，图 4 – 11 给出了第二类吸收式热泵 T – s 图。

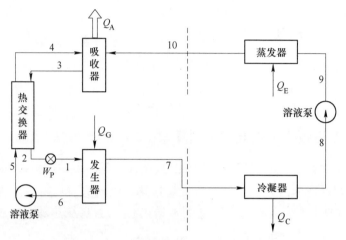

图 4 – 10   第二类吸收式热泵循环原理

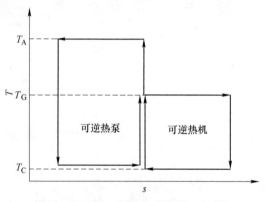

图 4 – 11   第二类吸收式热泵 T – s 图

4.3.4 第二类吸收式热泵热力学分析

4.3.4.1 质量守恒方程

（1）发生器：

$$m_1 = m_6 + m_7 \tag{4 – 21}$$

考虑吸收剂浓度：

$$m_1 x_1 = m_6 x_6 \tag{4 – 22}$$

循环倍率 f 为：

$$f = \frac{m_1}{m_7} = \frac{x_6}{x_6 - x_1} \tag{4 – 23}$$

（2）吸收器：

$$m_1 = m_3; \quad m_6 = m_4; \quad m_{10} = m_7; \quad x_2 = x_3; \quad x_6 = x_4 \quad (4-24)$$

4.3.4.2 能量守恒方程

吸收式热泵循环满足方程：

$$Q_G + Q_E + W_P = Q_A + Q_C \quad (4-25)$$

（1）发生器：

$$Q_G = m_6 H_6 + m_7 H_7 - m_1 H_1 \quad (4-26)$$

（2）吸收器：

$$Q_A = m_{10} H_{10} + m_4 H_4 - m_3 H_3 \quad (4-27)$$

（3）冷凝器：

$$Q_C = m_7 H_7 - m_8 H_8 \quad (4-28)$$

（4）溶液泵：

$$W_P = W_{P1} + W_{P2} \quad (4-29)$$

$$W_{P1} = m_5 H_5 - m_6 H_6 \quad (4-30)$$

$$W_{P2} = m_9 H_9 - m_8 H_8 \quad (4-31)$$

（5）蒸发器：

$$Q_E = m_{10} H_{10} - m_9 H_9 \quad (4-32)$$

4.4 吸收式热泵的工质和吸收剂

吸收式热泵工质对[9]是由两组份溶液组成。其中，低沸点组分是制冷剂，它的作用与蒸气压缩式热泵相同，通过它的蒸发和冷凝过程实现热量从低温物体向高温物体的传递。高沸点的组分是吸收剂，通过它对制冷剂的吸附和分离实现对制冷剂的压缩。

4.4.1 对制冷剂的要求

适当的压力比（蒸发对应的压力大于1atm），以防空气漏入系统；临界温度要高，防止冷凝放热后从环境吸热；单位容积制冷量要求比较大，单位制冷剂耗功比较小；循环效率要高；压缩终了温度不能太高（润滑恶化、制冷剂分解）；黏度和比重小（流动阻力小）；放热系数大（减小换热器体积）；化学稳定性和热稳定性好；不易燃爆，对人体、食品和环境无害（毒性分6级，6级毒性最小）；价格低廉，易于补给。

4.4.2 对吸收剂的要求

具有强烈的吸收制冷剂的能力，即具有吸收比它温度低的制冷蒸汽的能力；

相同压力下，它的沸点要高于制冷剂，而且相差越大越好；与制冷剂的溶解度高，可以避免结晶的危险；与制冷剂溶解度的差距大，以减少溶液的循环量，降低溶液泵的耗功；黏度小，以减少在管道和部件中的流动阻力；化学性质稳定；无臭，无毒，不燃烧，不爆炸；价格低廉，易于补给。

4.4.3　吸收式热泵常用工质对

吸收式热泵常用工质对有溴化锂 – 水和氨 – 水两种。在溴化锂 – 水吸收式热泵工质对中，溴化锂为吸收剂，水为制冷工质；在氨 – 水吸收式热泵工质对中，水为吸收剂，氨为制冷工质。

4.4.3.1　溴化锂的物理化学性质

（1）化学式：LiBr；相对分子质量：86.856。

（2）成分：Li 为 7.99%，Br 为 92.01%。

（3）密度：25℃时，3464kg/m³，熔点：549℃，沸点：1265℃。

（4）溴化锂溶液是无色透明的，对金属有腐蚀性。

4.4.3.2　氨的物理化学性质

（1）氨气在标准状况下的密度为 0.771g/L。

（2）氨气极易溶于水，溶解度1:700。

（3）临界点：133℃，11.3atm。

（4）蒸气压：在 4.7℃时，506.62kPa，熔点 – 77.7℃，沸点 – 33.5℃。

（5）化学性质稳定，有毒气体。

4.4.3.3　水的物理化学性质

（1）分子式：H_2O，相对分子质量：18.016，沸点：100℃，冰点：0℃。

（2）最大相对密度时的温度：3.98℃，比热：4.186J/(g·℃)；0.1MPa，15℃时：2.051J/(g·℃)；0.1MPa，100℃时，密度：1000kg/m³。

（3）临界压力为 22.129MPa，临界温度为 374.15℃，临界比容为 0.0031m³/kg。

（4）纯净的水是无色、无味、无臭的透明液体。

4.5　太阳能吸收式热泵

吸收式热泵驱动热源为工业余热，尽管对余热源温度要求各不相同，但常用余热基本可以满足要求。余热源温度为150℃左右的蒸汽可以满足第一类吸收式热泵要求，70~80℃的余热可以满足第二类吸收式热泵要求。

太阳能属于一种可再生的清洁能源，分布广、储量大，同时具有很强的季节性和地域性。太阳能直接加热热水用于生活所用或冬季供暖，产生的热水波动很大，遇到极冷低温或阴雨天气甚至不能利用。热泵属于一种逆向循环，其效率较高，尤其在小温差下的效率更高。但极端天气对热泵影响很大，其中，空气源热泵在冬季极低温度时制热效果很差甚至不能工作。综合太阳能和热泵特点，可以将吸收式热泵和太阳能热水系统联合应用，将太阳能储热水箱中回收的热量作为吸收式热泵驱动热源，经发生器作用可以实现冬季供暖和夏季制冷，进而提高联合系统的效率。

本章在吸收式热泵的基础上设计了太阳能吸收式热泵系统[10~12]，将太阳能集热器系统与吸收式热泵系统进行了耦合，如图4-12所示。

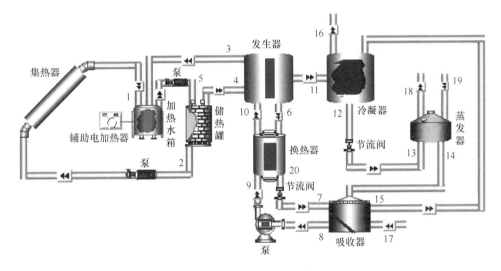

图4-12　太阳能吸收式热泵循环流程

图4-12所示为太阳能吸收式热泵循环流程。8—9为泵对来自吸收器的稀溶液进行加压，加压后压力为p_0的饱和液变为压力为p_k的再冷液。9—10为溶液换热器对再冷稀溶液进行预热，10—6稀溶液经过发生器与太阳能集热器的热水换热。11—12为制冷剂水蒸气在冷凝器内的冷凝过程，其压力为p_k。12—13为饱和水的节流过程，并变成p_0下的湿蒸汽。13—14为湿蒸汽吸收房间空气热量变成饱和水蒸气的过程。6—20为浓溶液在换热器中的预冷过程，把来自发生器的浓溶液在p_k下由饱和液变为再冷液。20—7为再冷液节流过程，将浓溶液由压力p_k的过冷液变为压力p_0的湿蒸汽，7—8为浓溶液由湿蒸汽变成饱和溶液的过程。节流阀的作用是维持冷凝器与蒸发器的压差。为了提高循环性能，溶液换热器被装备在系统中，它是一个节能组件。太阳能集热器的热水进入加热水箱，加热来自发生器的低温水，若温度达不到要求可利用辅助电加热器将温度升高到指定温度。高温热水进入储热罐储存，当热泵工作时，高温热水从储热罐顶部通入发生器，与发生器发生换热，然后又回到加热水箱。储热罐冷水从底部流出进入

太阳能集热器进行加热。13—14 为太阳能吸收式热泵系统中制冷工质通过蒸发器与房间内空气换热，吸收房间的热量，实现对房间的制冷。

图 4 – 13 所示为吸收式热泵系统原理图。因为接下来的计算只涉及吸收式热泵系统，所以单独画出吸收式热泵的原理图，方便接下来的计算。温度为 t_{w1} 的循环水进入吸收器吸收热量后，温度为 t_{w2}，再次进入冷凝器，在冷凝器中换热，与高温、高压蒸汽换热，吸收高温、高压制冷剂蒸汽热量并将制冷剂水蒸气冷凝，出口温度为 t_{w3}。温度为 t_h 热源水进入发生器驱动吸收式热泵工作。冷剂水以温度 t_{c1} 进入蒸发器，热量被蒸发器中制冷剂湿蒸汽吸收并将冷剂水冷却，温度降低为 t_{c2}。

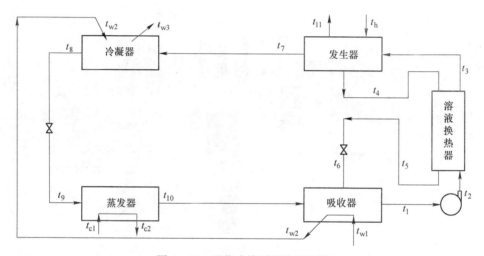

图 4 – 13   吸收式热泵系统原理图

4.5.1   溴化锂工质对的热物性关联式

4.5.1.1   溴化锂工质

目前吸收式热泵的工质对很多，主要有溴化锂 – 水和氨 – 水两种。但实际应用还是以溴化锂 – 水溶液较多。溴化锂熔点 549℃，沸点 1265℃，所以当水蒸发时溴化锂不会蒸发，设备上省去了精馏塔，有助于简化系统、节约成本。溴化锂溶液是无色透明液体，无毒，而氨具有爆炸性和剧毒，相比较溴化锂更安全。溴化锂水溶液的水蒸气分压力非常小，吸湿性非常好。浓度越高，水蒸气分压力越小，吸收水蒸气的能力越强。

4.5.1.2   溴化锂水溶液的平衡方程

溶液的平衡方程式反映了平衡态溶液温度 t、浓度 X 和压力 p 之间的关系，即 $F(t, X, p) = 0$。M. R. Patterson 给出了露点温度与溴化锂溶液浓度 $X\%$ 和溶液温度 t（℃）的关系式[13]，文献 [14] 对其利用正交多项式回归方法得出了下式：

$$t = t' \sum_0^3 A_n X^n + \sum_0^3 B_n X^n \qquad (4-33)$$

式中　$A_0 \sim A_3$，$B_0 \sim B_3$——系数，$A_0 = 0.770033$，$A_1 = 1.45455 \times 10^{-2}$，$A_2 = -2.63906 \times 10^{-4}$，$A_3 = 2.27609 \times 10^{-6}$，$B_0 = 140.877$，$B_1 = -8.55749$，$B_2 = 0.16709$，$B_3 = -8.82641 \times 10^{-4}$；

t——压力为 p 时，溶液的饱和温度，℃；

t'——压力为 p 时，水的饱和温度，即露点温度，℃；

X——100kg 溴化锂水溶液中含有溴化锂的质量。

4.5.1.3　溴化锂水溶液的焓 - 浓度方程

$$h(T, X_a) = \sum_{i=0}^5 \sum_{j=0}^2 a_{ij} X_a^i T^j \qquad (4-34)$$

式中，系数 a_{ij} 见参考文献 [13]。

上式中，溶液露点温度是饱和蒸汽温度 $T(℃)$，它与饱和蒸气压力 $p(\text{MPa})$ 的关系式[13]为：

$$T(p) = 42.6776 - \frac{3892.7}{\ln(p) - 9.48654} \qquad (4-35)$$

式中　T——压力 p 时水的饱和温度，K；

p——温度 T 时水的饱和蒸气压，MPa。

水和水蒸气焓值计算公式[14]：

$$h = h'' + c_p(t - t') \qquad (4-36)$$

$$h'' = h' + r \qquad (4-37)$$

$$h' = t' + 100 \qquad (4-38)$$

$$r = 5.1463 - 0.555t' - 0.2389 \times 10^y \qquad (4-39)$$

$$y = 5.1463 - \frac{1540}{t' + 273.16} \qquad (4-40)$$

式中　t'——压力 p 时饱和水蒸气的温度，℃；

t——过热水蒸气温度（等于压力 p 时溶液的平衡温度），℃；

h——温度 t 时过热水蒸气的焓，kcal/kg；

h'——温度 t' 时饱和水的焓，kcal/kg；

h''——温度 t' 时饱和水蒸气的焓，kcal/kg；

r——温度 t' 时饱和水的汽化潜热，kcal/kg；

c_p——过热水蒸气 t' 到 t 的定压平均比热容。

4.5.2　溴化锂吸收式热泵性能参数

（1）蒸发器热负荷：

$$Q_0 = Wf(h_9 - h_{10}) \tag{4-41}$$

（2）冷凝器热负荷：

$$Q_k = W(h_7 - h_8) \tag{4-42}$$

（3）发生器热负荷：

$$Q_g = Wf(h_4 - h_3) + (h_7 - h_4) \tag{4-43}$$

（4）吸收器热负荷：

$$Q_a = Wf(h_6 - h_1) + (h_{10} - h_6) \tag{4-44}$$

（5）溶液交换器：

$$Q_t = W(f-1)(h_4 - h_5) \tag{4-45}$$

（6）制冷性能系数：

$$COP_c = \frac{Q_{eva}}{Q_{gen}} \tag{4-46}$$

（7）循环倍率。循环倍率 f 为系统内溴化锂稀溶液的质量流量与制冷剂的质量流量之比，即：

$$f = X_W/(X_W - X_S) \tag{4-47}$$

（8）放气范围。放气范围 $\Delta X\%$ 为溴化锂浓溶液浓度 $X_W\%$ 与稀溶液浓度 $X_S\%$ 之差，即：

$$\Delta X = X_W - X_S \tag{4-48}$$

式中　W——制冷剂循环量，kg/s；

　　　h——焓值，kJ/kg；

　　　Q——各设备热负荷，kJ/kg。

4.5.3　太阳能吸收式热泵程序

4.5.3.1　程序框图

利用能量守恒和质量守恒以及溴化锂溶液的热力学性质，建立了太阳能吸收式热泵的数学模型[15~17]，通过 Visual Basic 语言编制了热泵程序并对其进行了性能分析。程序框图如图 4-14 所示。

4.5.3.2　系统基本假设

为了简化计算，将过程中参数进行简化，并假定下述条件成立：

（1）整个系统处于热平衡和稳态流动状态。

（2）离开蒸发器和冷凝器的工质为饱和状态。

（3）离开吸收器和发生器的工质为饱和溶液。

（4）流动阻力、热损失和压力损失可以忽略。

（5）溶液泵功可以忽略。

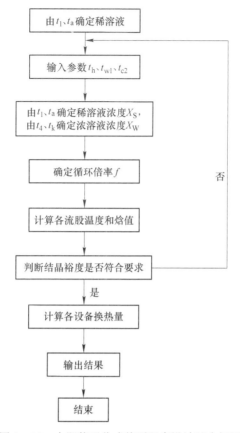

图 4-14　太阳能吸收式热泵程序设计基本框图

4.5.3.3 循环各节点参数

（1）给定条件。制冷剂循环量为单位质量，即 1kg/s。给定热源温度 t_h 为 82℃、蒸发器低温热源出口温度 t_{c2} 为 7℃、吸收器入口冷却水温度为 32℃（也即回水温度）。

（2）根据经验传热温差确定 t_{w2}、t_{w3}、发生器最高温度 t_4、冷凝温度 t_k、蒸发温度 t_0、溶液换热器浓溶液出口温度 t_5。

$$t_{w2} = t_{w1} + 5\text{℃}；\ t_{w3} = t_{w2} + 4\text{℃}；\ t_4 = t_h - 10\text{℃}；\ t_1 = t_{w2} + 6.2\text{℃}；\ t_k = (t_{w3} + t_{w2})/2 + 6\text{℃}；\ t_0 = t_{c2} - 2\text{℃}；\ t_5 = t_1 + 25\text{℃}。$$

（3）求压力 p_c、p_e、p_g、p_a，露点温度 t_a、t_g。

将 $p = p_a$ 代入公式中可求得 t_a，同样由 p_g 可求得 t_g。

（4）求溶液浓度。将 $t = t_1$、$t' = t_a$ 代入公式中可求解溴化锂稀溶液浓度 X_S，但由于公式不易求解，由表 4-1 数据进行拟合。

借助 Origin 拟合得 X_L 关于 t、t' 的函数 $X = 67.5623 - 0.59445t + 0.5041t'$，将

$t = t_1$、$t' = t_a$ 代入此式可求出溴化锂稀溶液浓度 X_S，将 $t = t_4$、$t' = t_k$ 代入可求得溴化锂浓溶液浓度 X_W。

表 4 – 1　溶液浓度拟合数据

$t/℃$	$t'/℃$	$X/\%$	$t/℃$	$t'/℃$	$X/\%$
63.8	54.8	58	144	153	59
44.7	32.7	56.7	50.6	43.2	59.5

（5）各点焓值计算。饱和态与过冷态溴化锂溶液的焓值可用式（4 – 34）计算，代入 $t = t_1$、$X = X_S$ 可得 $h_1 (h_1 = h_2)$。代入 $t = t_4$、$X = X_W$ 可得 h_4。代入 $t = t_5$、$X = X_W$ 可得 h_5。对于 h_3 可利用溶液换热器热平衡方程 $h_3 = h_2 + (h_4 - h_5)(f - 1)/f$ 求得。可将 $t' = t_k$、$X = X_v (X_v = (X_W + X_S)/2)$ 代入式（4 – 34）求得 t_7，然后将 $t = t_7$、$t' = t_k$ 代入相应公式可求得 h_7，将 $t' = t_k$ 代入式（4 – 38），可求得饱和水焓 h' 即为 $h_8 (h_8 = h_9)$，将 $t' = t_0$ 代入式（4 – 37）可求得饱和水蒸气焓 h'' 即为 h_{10}。

4.5.3.4　模拟软件界面

图 4 – 15 所示为利用 Visual Basic 软件编制的太阳能吸收式热泵系统模拟软件界面，可以通过输入 18 点的低温热源出口温度（制冷时为冷剂水出口温度）、17 点循环冷却水进口温度以及 4 点供热水入口温度，点击计算，便可得出系统 COP 值。

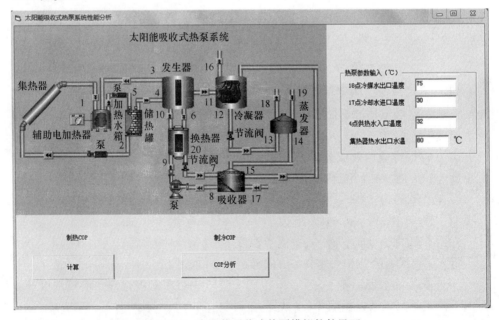

图 4 – 15　太阳能吸收式热泵模拟软件界面

4.6 模拟结果与分析

4.6.1 热源温度对太阳能吸收式热泵性能的影响

当冷凝温度为 42℃，蒸发温度分别为 5℃、9℃ 和 13℃ 时，图 4 – 16 给出了太阳能吸收式热泵性能 COP 与热源温度 t_h 的关系。当冷凝温度为 46℃，蒸发温度分别为 5℃、9℃ 和 13℃ 时，图 4 – 17 给出了太阳能吸收式热泵性能 COP 与热源温度 t_h 的关系。由图 4 – 16 和图 4 – 17 可知，随着热源温度 t_h 的升高，热泵性能 COP 逐渐增大。这是因为热源温度提高使得发生器浓溶液出口温度升高，导致了浓溶液浓度增大，也就是促成了放气范围增大，循环倍率减小，因而系统性能提高。

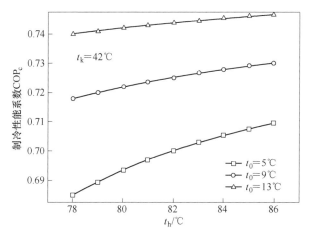

图 4 – 16　热源温度对太阳能吸收式热泵性能的影响（一）

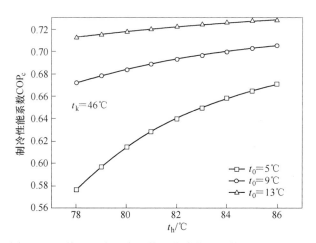

图 4 – 17　热源温度对太阳能吸收式热泵性能的影响（二）

当热源温度增加到一定范围时，热泵性能曲线变缓，COP 增大的幅度很小，也就是说不能盲目地增大热源温度 t_h 来提高 COP，只会造成能源的浪费。

从图中还可以看出，当冷凝温度 t_k 一定，相同的热源温度 t_h 时，随着蒸发温度的提高，太阳能吸收式热泵性能也越高，也就是提高蒸发温度可以提高热泵性能。但是蒸发温度又与低温热源出口温度有关，如果蒸发温度越高意味着低温热源出口温度也越高，那低温热源的利用率就不高。所以在设计时，不能为了提高性能而过度提高蒸发温度，同时也要综合考虑低温热源的利用率。

4.6.2　冷凝温度对太阳能吸收式热泵性能的影响

当热源温度 t_h 为82℃，蒸发温度分别为5℃、9℃和13℃时，图4-18 给出了太阳能吸收式热泵制冷性能系数 COP_c 与冷凝温度 t_k 的关系。由图可知，随着冷凝温度 t_k 的升高，热泵系统性能逐渐降低，并且当冷凝温度 t_k 较高时，热泵系统性能降低幅度越大。当热源温度 t_h 一定，相同的冷凝温度 t_k 时，蒸发温度越高，热泵系统性能也越高。这是因为冷凝温度升高使得浓溶液浓度降低，导致放气范围减小，这样循环倍率就会增大，使系统性能减小。从图中依然可以看出，热源温度一定和冷凝温度一定时，提高蒸发温度可以提高 COP_c。由图4-18可知，在冷凝温度变化范围内，当冷凝器出口温度高于35℃时，此时冷凝温度高于49℃，热泵系统性能骤降，这是因为此时 $t_4 < t_5$，这是不合理的。当 t_0 为5℃、t_h 为82℃时，冷凝器出口温度最大能达到35℃。

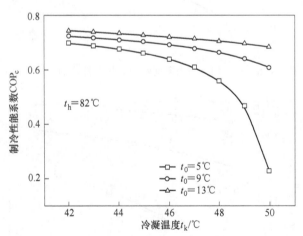

图4-18　冷凝温度对太阳能吸收式热泵性能的影响

4.6.3　蒸发温度对太阳能吸收式热泵性能的影响

当热源温度 t_h 为82℃，冷凝温度 t_k 分别为42℃和46℃时，图4-19 给出了太阳能吸收式热泵制冷性能系数 COP_c 与蒸发温度 t_0 的关系。由图可知，随着蒸

发温度 t_0 的升高，热泵系统性能逐渐增加。当热源温度 t_h 一定时，对于相同的蒸发温度 t_0，冷凝温度 t_k 越高，吸收式热泵系统性能越低。究其原因，主要是随着蒸发温度的升高，使蒸发压力增加，使得稀溶液浓度减小，进而放气范围增大，导致循环倍率减小，因而系统性能提高。

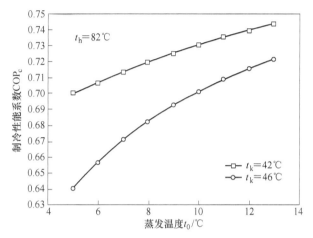

图 4 – 19 蒸发温度对太阳能吸收式热泵性能的影响

4.6.4 吸收温度对太阳能吸收式热泵性能的影响

当热源温度 t_h 为 82℃、冷凝温度 t_k 为 42℃、蒸发温度 t_0 为 5℃时，图 4 – 20 给出了太阳能吸收式热泵制冷性能系数 COP_c 与吸收温度 t_a 的关系。由图可知，随着吸收温度 t_a 的升高，热泵系统性能逐渐降低。当吸收温度 t_a 较低时，热泵系统性能较高，当吸收温度 t_a 较高时，热泵系统性能降低幅度很显著。这是因为

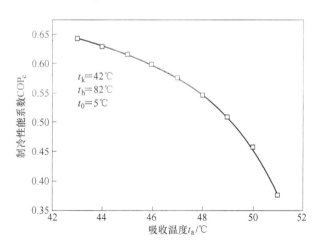

图 4 – 20 吸收温度对太阳能吸收式热泵性能的影响

随着吸收温度 t_a 的增大，稀溶液浓度增大，导致放气范围减小，进而循环倍率增大，因而系统性能降低。

4.7 设计工况与计算

为对太阳能吸收式热泵进行定性分析，本章以唐山市某一民用建筑为算例，该建筑用能面积为 $120m^2$。通过对冷热负荷的计算，进而确定太阳能集热器面积。

4.7.1 气象参数

唐山市气候属暖温带大陆性季风气候，夏季主导风向为东北风，冬季主导风向为西北风，最大风速为 20m/s。全年最冷月在一月份，极端最低气温为 $-25.2℃$，最热月是七月份，极端最高气温 $39.6℃$。

主要气象参数：

多年平均气温	11.1℃
极端最高气温	39.6℃
极端最低气温	$-25.2℃$
多年平均降雨量	640.2mm
冬季室外计算相对湿度	53%
多年最大冻土深度	73cm
年日照时数	2518h
冬季室外平均风速	1.8m/s
冬季盛行风向	西，18%
采暖期室外平均温度	$-1.5℃$
室外冬季采暖计算温度	$-8.1℃$

4.7.2 冷负荷计算

根据新建建筑设计标准《城镇供热管网设计规范》（CJJ 34—2010）[18] 和《民用建筑供暖通风与空气调节设计规范》（GB 50736—2012）[19] 标准及相关要求[20]，办公建筑的综合制冷指标确定为 $80W/m^2$。

冷负荷[21~24]也就是制冷期最大冷负荷，根据制冷冷指标计算的冷负荷为最大设计冷负荷，其冷指标中已经包含了管网输送过程的损失，最大冷负荷按下列公式计算：

$$Q_{max} = q \times A \times 10^{-3}/COP \qquad (4-49)$$

式中　Q_{max}——采暖期最大设计热负荷，kW；

q——采暖热指标，综合冷指标为 $80W/m^2$；

A——采暖建筑物的建筑面积，m^2。

经计算得，总冷负荷为 12.5kW。

4.7.3 热负荷计算

根据新建建筑设计标准《城镇供热管网设计规范》（CJJ 34—2010）和《民用建筑供暖通风与空气调节设计规范》（GB 50736—2012）标准要求，办公建筑的综合制热指标确定为 50W/m^2。

热负荷也就是采暖期最大热负荷，根据采暖热指标计算的热负荷为最大设计热负荷，其热指标中已经包含了热网输送过程的热损失，最大热负荷按下列公式计算：

$$Q_{\max} = q \times A \times 10^{-3} \qquad (4-50)$$

式中　$Q_{\max}$——采暖期最大设计热负荷，kW；

　　　q——采暖热指标，综合热指标取 50 W/m^2；

　　　A——采暖建筑物的建筑面积，m^2。

经计算总热负荷为 6kW。

4.7.4 设计工况

4.7.4.1 制冷工况

唐山典型日逐时温度、湿度和风速见表 4 – 2。模拟工况：太阳入射角 $\theta = 0°$，太阳能集热器倾角 $\beta = 16°$，采用双层玻璃盖，太阳能集热器进口水温设为 80℃，单个太阳能集热器有效吸热面积为 2.729m^2，质量流率为 0.03kg/s。

表 4 – 2　唐山制冷工况典型日逐时温度、湿度和风速

时　间	温度/℃	湿度/%	风速/级
7:00 ~ 8:00	24	77	1
8:00 ~ 9:00	25	65	1
9:00 ~ 10:00	26	65	1
10:00 ~ 11:00	28	51	2
11:00 ~ 12:00	31	45	2
12:00 ~ 13:00	33	38	2
13:00 ~ 14:00	34	32	1
14:00 ~ 15:00	35	25	2
15:00 ~ 16:00	35	27	2
16:00 ~ 17:00	35	32	3
17:00 ~ 18:00	34	33	3

设发生器热源入口温度为82℃、出口温度为72℃，蒸发器冷媒水进口温度为17℃、出口温度为15℃。由前面计算知，总冷负荷为12.5kW，吸收式热泵循环工质质量流量为1kg/s时，蒸发器吸热为2476kW。由此可得，吸收式热泵实际工质质量流量为 $M = 12.5/2347 = 0.005kg/s$。表4-3给出了单台太阳能集热器计算结果。

利用编制的太阳能吸收式热泵性能分析程序，对给定设计工况下的吸收式热泵性能进行了分析，结果见表4-4。

由表4-4可知，热源水流量为0.38kg/s，制冷时间为全天24h，一天需要82℃的热源水为32832kg，集热器需要提供的有效热量为 1.4×10^3 MJ。由表4-3可知，太阳能平板集热器一天可提供单位面积有效利用能量为7.59MJ/m²，求得需要太阳能平板集热器的台数为68台。

表4-3 制冷工况单台太阳能集热器计算结果

时　间	I_T/MJ·m^{-2}	q_u/MJ·m^{-2}	温升 ΔT/℃	T_{out}/℃
7:00~8:00	0.69	—	—	—
8:00~9:00	1.56	—	—	—
9:00~10:00	2.42	0.43	0.69	84.04
10:00~11:00	3.12	0.98	4.97	89.28
11:00~12:00	3.56	1.38	8.11	93.03
12:00~13:00	3.72	1.54	9.42	94.56
13:00~14:00	3.56	1.45	8.81	93.73
14:00~15:00	3.12	1.15	6.60	90.91
15:00~16:00	2.42	0.65	2.78	86.12
16:00~17:00	1.56	0.02	—	80.23
17:00~18:00	0.69	0.43	—	—
总计		20.71	—	—

表4-4 给定设计制冷工况下的太阳能吸收式热泵计算结果

名　称	参　数	数　值
系统内部参数	冷凝温度 t_k/℃	42
	蒸发温度 t_0/℃	13
	冷凝压力 p_k/kPa	8.199
	制冷剂循环量/kg·s^{-1}	0.005
	COP$_c$	0.77

名 称	参 数	数 值
蒸发器	热负荷/kW	12.5
	冷媒水流量/kg·s⁻¹	1.49
冷凝器	热负荷/kW	12.38
	冷却水流量/kg·s⁻¹	0.72
吸收器	热负荷/kW	15.13
	循环水流量/kg·s⁻¹	0.72
发生器	热负荷/kW	15.78
	热源水流量/kg·s⁻¹	0.38

太阳能平板集热器可以提供温度大于82℃热水的时间为7h，其他时间无法提供，所以需要储热罐来储存热量，满足剩下17h的制冷需要，这17h需要82℃热水的量为19584kg，需要储热罐体积为19.6m³。由于储热罐的温度会随着时间的变化逐渐降低，因而需要对储热罐中水在24h内的温度变化进行研究。

太阳能集热器在17：00后停止工作，从此时开始储热罐中水的温度为94℃，以此为起点，以24h为一个周期计算储热罐中水的温度变化。表4-5给出了储热水箱内温度变化情况，水箱内温度变化按下式计算：

$$T_s^+ = T_s + \frac{1}{(mc_p)_s}[Q_U - L - (UA) \times 3600(T_s - T_a)] \qquad (4-51)$$

式中　T_s——储热罐水温,℃；

T_s^+——相对于 T_s 下一小时的储热罐水温,℃；

Q_U——太阳能平板集热器收集的有效能，MJ；

L——由储热罐供给负荷的能量，MJ；

T_a——环境温度,℃，取28℃；

UA——储热罐损失系数与储热罐表面积乘积，W/℃，取57.1W/℃。

表 4 – 5　制冷工况储热水箱内部温度变化

时 间	Q_U/MJ	L/MJ	T_s/℃	T_s^+/℃
0：00	—	48.1	89.0	88.3
1：00	—	48.1	88.3	87.6
2：00	—	48.1	87.6	86.9
3：00	—	48.1	86.9	86.2
4：00	—	48.1	86.2	85.5
5：00	—	48.1	85.5	84.8

时　间	Q_{U}/MJ	L/MJ	$T_{s}/℃$	$T_{s}^{+}/℃$
6:00	—	48.1	84.8	84.1
7:00	—	48.1	84.1	83.4
8:00	—	48.1	83.4	82.7
9:00	69.75	48.1	82.7	82.8
10:00	160.38	48.1	82.8	84.0
11:00	225.22	48.1	84.0	86.0
12:00	251.55	48.1	86.0	88.3
13:00	237.24	48.1	88.3	90.5
14:00	188.44	48.1	90.5	92.1
15:00	105.82	48.1	92.1	92.6
16:00	4.03	48.1	92.6	91.9
17:00	—	48.1	94.0	93.2
18:00	—	48.1	93.2	92.5
19:00	—	48.1	92.5	91.8
20:00	—	48.1	91.8	91.1
21:00	—	48.1	91.1	90.4
22:00	—	48.1	90.4	89.7
23:00	—	48.1	89.7	89.0

从表 4 - 5 中可以看出，水温从 17：00 开始逐渐减小，直到第二天 9：00，集热器开始提供可用热量，温度又开始回升，但储热水箱水温一直都保持在 82℃ 以上，可以全天保证吸收式热泵热源水供应。

4.7.4.2　制热工况

唐山典型日逐时温度、湿度和风速见表 4 - 6。模拟工况：太阳入射角 $\theta = 0°$，太阳能集热器倾角 $\beta = 65°$，流量质量流率为 0.03kg/s，采用双层玻璃盖板，太阳能集热器入口温度为 45℃。表 4 - 7 给出了单台太阳能集热器计算结果。

利用编制的太阳能吸收式热泵性能分析程序，对给定设计工况下的吸收式热泵性能进行了分析，结果见表 4 - 8。

表 4 - 6　唐山制热工况典型日逐时温度、湿度、风速

时　间	温度/℃	湿度/%	风速/级
7:00	-7	31	3
8:00	-7	34	3
9:00	-5	27	1

时 间	温度/℃	湿度/%	风速/级
10:00	-2	23	2
11:00	-2	22	3
12:00	-1	20	4
13:00	-1	19	3
14:00	0	19	3
15:00	0	19	3
16:00	-1	17	3
17:00	-4	21	2

表 4 – 7　制热工况单台太阳能集热器计算结果

时 间	辐照度 $G_T/W \cdot m^{-2}$	温升 $\Delta T/℃$	$T_{out}/℃$
9:00 ~ 10:00	369	4.69	49.69
10:00 ~ 11:00	520	8.87	53.87
11:00 ~ 12:00	617	11.96	56.96
12:00 ~ 13:00	651	13.26	58.26
13:00 ~ 14:00	617	12.66	57.66
14:00 ~ 15:00	520	10.50	55.50
15:00 ~ 16:00	369	6.77	51.77

由表 4 – 7 可知，单台太阳能集热器只能提供高于 50℃ 的热水。由于太阳能集热器出口温度过低，无法驱动吸收式热泵，因此可以直接用集热器热水供暖，地暖供/回水温度为 50℃/40℃。前面计算知，热负荷远远小于冷负荷，所以根据冷负荷选集热器台数，即太阳能集热器台数为 68 台。

因为只有 7h 可提供热水，剩余 17h 需要储热水箱储存热水来满足吸收式热泵。根据热负荷和地暖供/回水温度可计算得 17h 需要热水量为 $9 \times 10^3 kg$，小于制冷需要热水量，所以储热水箱体积根据制冷工况设计，即为 $19.6m^3$。

表 4 – 8 给出了储热水箱温度变化情况。从表 4 – 8 中可以看出，从 16:00 开始由于集热器不再提供热水，储热水箱水温度开始降低，直到第二天 9:00 水温才开始逐渐上升。全天储热水箱水温都保持在 50℃ 以上，可以全天保证供暖。

表 4 – 8　制热工况储热水箱内部温度变化

时　间	Q_U/MJ	L/MJ	T_s/℃	T_s^+/℃
0:00	—	22.4	55.1	54.6
1:00	—	22.4	54.6	54.2
2:00	—	22.4	54.2	53.8
3:00	—	22.4	53.8	53.4
4:00	—	22.4	53.4	53.0
5:00	—	22.4	53.1	52.6
6:00	—	22.4	52.6	52.2
7:00	—	22.4	52.2	51.8
8:00	—	22.4	51.8	51.4
9:00	90.0	22.4	51.4	52.1
10:00	153.3	22.4	52.1	53.5
11:00	206.7	22.4	53.5	55.6
12:00	229.2	22.4	55.6	58.0
13:00	218.7	22.4	58.1	58.3
14:00	181.4	22.4	58.3	58.3
15:00	117.1	22.4	58.3	58.3
16:00	—	22.4	58.3	57.9
17:00	—	22.4	57.8	57.4
18:00	—	22.4	57.4	57.0
19:00	—	22.4	57.1	56.6
20:00	—	22.4	56.6	56.2
21:00	—	22.4	56.2	55.8
22:00	—	22.4	55.8	55.4
23:00	—	22.4	55.4	55.0

4.8　多热源耦合的吸收式热泵

吸收式热泵的驱动热源可以来自煤、气、油等燃料的燃烧，也可以直接利用工业中的余热或废热，如废热水、废气等。另外，太阳能、地热能等也可以作为吸收式热泵的驱动热源[25~27]。综合考虑用能情况，本节设计了太阳能 - 余热多热源耦合的吸收式热泵系统，如图 4 – 21 所示。图 4 – 22 给出了其 T – s 图。

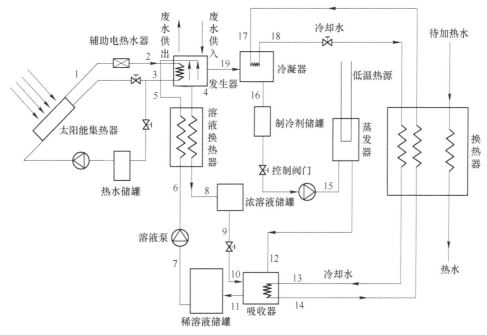

图 4 - 21 太阳能 - 余热多热源耦合的吸收式热泵系统原理

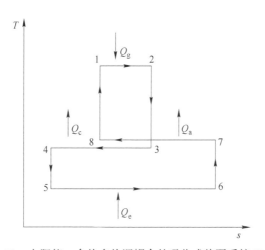

图 4 - 22 太阳能 - 余热多热源耦合的吸收式热泵系统 $T - s$ 图

4.8.1 耦合系统工作原理

多热源耦合的吸收式热泵系统主要由发生器、冷凝器、节流阀、蒸发器、吸收器和溶液换热器等组成。其中,发生器的驱动热源有太阳能集热器和工业余热两种形式,两种热源可根据吸收式热泵用户情况灵活交替。在驱动热源作用下，发生器内吸收剂和制冷工质分离，制冷工质进入冷凝器内定压放热，加热外部循环冷却水。放热后的制冷工质经节流阀降温、降压后进入蒸发器，在蒸发器内定压吸热，实现对外部环境的制冷功能。低温、低压的制冷工质在吸收器内和吸收剂混合，经溶液泵输送到发生器内再次分离，周而复始地完成循环。

4.8.2　耦合系统热力学分析

4.8.2.1　假设条件

为了简化计算，将过程中参数进行简化，并假定下述条件成立[28]：

（1）整个系统处于热平衡和稳态流动状态；

（2）离开蒸发器和冷凝器的工质为饱和状态；

（3）离开吸收器和发生器的工质为饱和溶液；

（4）流动阻力、热损失和压力损失可以忽略；

（5）泵功可以忽略。

4.8.2.2　能量平衡方程

发生器能量平衡示意图如图 4-23 所示，能量平衡方程如下：

$$Q_g = m_{19}h_{19} + m_4h_4 - m_5h_5 \qquad (4-52)$$

冷凝器能量平衡示意图如图 4-24 所示，能量平衡方程如下：

$$Q_c = m_{19}h_{19} - m_{16}h_{16} \qquad (4-53)$$

蒸发器能量平衡示意图如图 4-25 所示，能量平衡方程如下：

$$Q_e = m_{12}h_{12} - m_{15}h_{15} \qquad (4-54)$$

吸收器能量平衡示意图如图 4-26 所示，能量平衡方程如下：

$$Q_a = m_{10}h_{10} + m_{12}h_{12} - m_{11}h_{11} \qquad (4-55)$$

溶液换热器能量平衡示意图如图 4-27 所示，能量平衡方程如下：

$$Q_h = m_8h_8 - m_4h_4 = m_6h_6 - m_5h_5 \qquad (4-56)$$

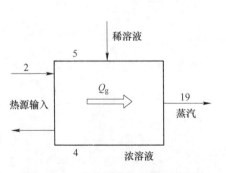

图 4-23　发生器能量平衡示意图

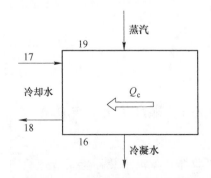

图 4-24　冷凝器能量平衡示意图

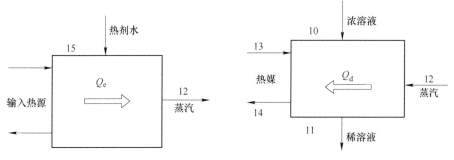

图 4-25　蒸发器能量平衡示意图　　　　图 4-26　吸收器能量平衡示意图

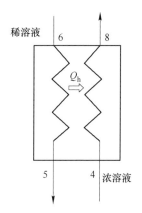

图 4-27　溶液换热器能量平衡示意图

4.8.2.3　系统性能系数

制热性能系数：

$$\text{COP} = \frac{Q_{\text{abs}} + Q_{\text{con}}}{Q_{\text{gen}}} \qquad (4-57)$$

制冷性能系数：

$$\text{COP} = \frac{Q_{\text{evop}}}{Q_{\text{gen}}} \qquad (4-58)$$

4.8.3　耦合系统性能程序

　　基于热力学原理，利用 Visual Basic 程序语言，编制了多热源耦合的吸收式热泵性能分析程序。图 4-28 所示为多热源耦合吸收式热泵系统模拟流程图。

　　以溴化锂-水为吸收式热泵工质对，结合溴化锂溶液焓值和饱和水及饱和蒸汽焓值，编制多热源耦合的吸收式热泵性能分析程序，其界面如图 4-29 所示。

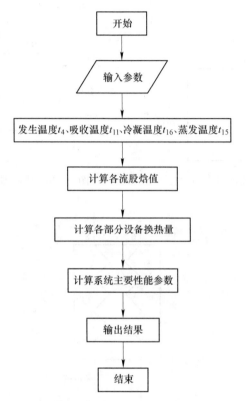

图 4 - 28　多热源耦合吸收式热泵系统模拟流程图

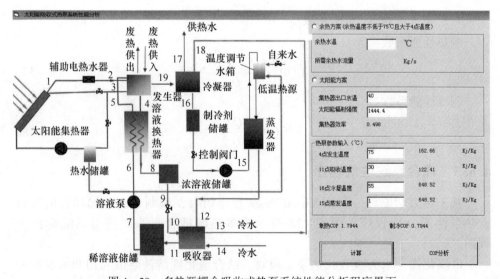

图 4 - 29　多热源耦合吸收式热泵系统性能分析程序界面

4.8.4 模拟结果与分析

4.8.4.1 发生温度对系统性能的影响

图 4-30 所示为发生温度对多热源耦合的吸收式热泵性能的影响。由图可知，随着发生温度的升高，吸收式热泵的性能 COP 逐渐增大。这是因为发生温度提高使得发生器浓溶液出口温度升高，导致了浓溶液浓度增大，也就是促成了放气范围增大，循环中制冷工质挥发含量比例增加，因而系统性能提高。尽管增加发生温度使循环性能增加，但发生温度受外部供热热源温度限制，因而仅靠发生温度提高系统性能的途径具有很大的局限性。第一类吸收式热泵发生器热源一般由 150℃左右的蒸汽提供，第二类吸收式热泵发生器热源温度一般 70~80℃。如果以太阳能为热源，夏季太阳能集热器出口温度可以达到 80℃以上，冬季太阳能集热器出口温度可以达到 40~50℃。如果以企业余热为热源，往往余热的温度品位也不是很高，考虑到烟道设置空气预热器、省煤器等因素，排烟温度一般也要低于 200℃以下，有时甚至更低，而 70~80℃废热往往较多，电厂冷凝塔中冷凝水温度一般 30~40℃，传统余热回收方式很难再加以回收利用，利用热泵技术可以很好地解决这一问题。尽管吸收式热泵驱动热源种类不同，但都有本身热源温度的限制。为更好解决这一问题，往往采用电加热、燃气加热等多种形式的辅助热源，以满足吸收式热泵发生器温度的要求。

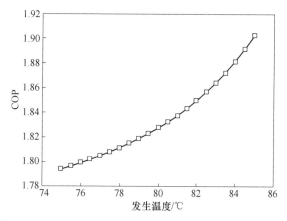

图 4-30　发生温度对多热源耦合的吸收式热泵性能影响

4.8.4.2 吸收温度对系统性能的影响

图 4-31 所示为吸收温度对多热源耦合的吸收式热泵性能的影响。由图可知，随着吸收温度的升高，吸收式热泵的性能 COP 逐渐降低。这是因为随着吸收温度的增大，稀溶液浓度增大，导致放气范围减小，进而循环倍率增大，因而使系统性能降低。

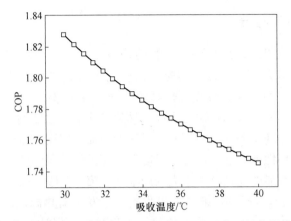

图 4 - 31   吸收温度对多热源耦合的吸收式热泵性能影响

4.8.4.3   冷凝温度对系统性能的影响

图 4 - 32 所示为冷凝温度对多热源耦合的吸收式热泵性能的影响。由图可知，随着冷凝温度的升高，吸收式热泵的性能 COP 逐渐降低。这是因为冷凝温度升高使得浓溶液浓度降低，导致放气范围减小，这样循环倍率就会增大，使系统性能 COP 减小。另一方面，冷凝温度的增加，导致制冷工质经节流阀后节流温度也增加，在一定程度上也导致了吸热温度的增加，因而，吸收式热泵系统性能降低。

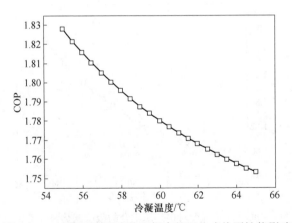

图 4 - 32   冷凝温度对多热源耦合的吸收式热泵性能影响

4.8.4.4   蒸发温度对系统性能的影响

图 4 - 33 所示为蒸发温度对多热源耦合的吸收式热泵性能的影响。由图可知，随着蒸发温度的升高，吸收式热泵的性能 COP 逐渐增大。究其原因，主要是随着蒸发温度的升高，使蒸发压力增加，使得稀溶液浓度减小，进而使放气范围增大，导致循环倍率减小，因而系统性能提高。

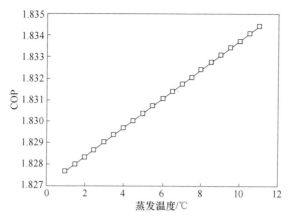

图 4－33 蒸发温度对多热源耦合的吸收式热泵性能影响

4.9 小结

本章建立了太阳能吸收式热泵系统数学模型，并用 Visual Basic 软件编制了太阳能吸收式热泵系统性能分析程序。冷凝温度和蒸发温度一定时，热泵性能 COP 随着热源温度增加而逐渐增加。但当随着热源温度增加到一定范围时，曲线变缓，热泵性能 COP 增大的幅度很小。冷凝温度和热源温度一定时，提高蒸发温度可以提高热泵性能 COP。但是蒸发温度又与低温热源出口温度有关，蒸发温度越高意味着低温热源出口温度越高，进而低温热源的利用率不是很高。热源温度和蒸发温度一定时，热泵性能 COP 随着冷凝温度增加逐渐减小。热源温度、蒸发温度和冷凝温度一定时，随着吸收温度的增加，热泵性能 COP 逐渐减小。最后，对多热源耦合的吸收式热泵性能进行了研究。

参 考 文 献

[1] 汤学忠. 热能转换余热利用 [M]. 北京：冶金工业出版社，2002.

[2] http：//baike. baidu. com/link? url = gEJf3D2L4omNAyre42 - XLixoVKKdq4_ gAprsUB4EBys 56gkSCwj2lLHyLesZV - JSXRel00syMKcMqwGUe8En5q.

[3] http：//www. docin. com/p - 531843659. html.

[4] 王洪利，黄杰，薛贵军. 陶瓷厂热风炉性能测试与除湿分析 [J]. 中国陶瓷，2013，49（5）：54 ~ 57.

[5] 王洪利，黄杰，刘建雄. 陶瓷厂隧道窑热平衡测试与节能分析 [J]. 中国陶瓷，2013，49（2）：35 ~ 38.

[6] 王凡. 第二类 LiBr - H₂O 吸收式热泵系统的模拟与实验研究 [D]. 济南：山东建筑大

学，2014.

[7] 闫晓娜. 多热源驱动吸收式热泵系统性能研究 [D]. 杭州：浙江大学，2014.

[8] 李靖. 高温吸收式热泵热力学分析及样机设计 [D]. 大连：大连理工大学，2010.

[9] http：//www. docin. com/p－759910660. html.

[10] Nahla Bouaziz, Lounissi D. Energy and exergy investigation of a novel double effect hybrid absorption refrigeration system for solar cooling [J]. International Journal of hydrogen energy, 2015 (40)：13849~13856.

[11] Wei Wu, Tian You, Baolong Wang, et al. Evaluation of ground source absorption heat pumps combined with borehole free cooling [J]. Energy Conversion and Management, 2014 (79)：334~343.

[12] Yin Hang, Ming Qu, Roland Winston, et al. Experimental based energy performance analysis and life cycle assessment for solar absorption cooling system at University of Californian, Merced [J]. Energy and Buildings, 2014 (82)：746~757.

[13] Dawen Sun. Thermodynamic design data and optimum maps for absorption refrigeration systems [J]. Applied Thermal Engineering, 1997, 17 (3)：211~221.

[14] 陈君燕. 溴化锂吸收式制冷循环的计算与分析 [J]. 制冷学报，1984 (2)：18~28.

[15] 吴晓寒. 地源热泵与太阳能集热器联合供暖系统研究及仿真分析 [D]. 长春：吉林大学，2005.

[16] 董瑞芬. 低温热源驱动溴化锂第二类吸收式热泵的实验研究 [D]. 天津：天津大学，2007.

[17] Kadir Bakirci, Bedri Yuksel. Experimental thermal performance of a solar source heat－pump system for residential heating in cold climate region [J]. Applied Thermal Engineering, 2011 (31)：1508~1518.

[18] 中华人民共和国住房和城乡建设部. CJJ 34—2010, 城镇供热管网设计规范 [S]. 北京：中国标准出版社，2011.

[19] 中华人民共和国住房和城乡建设部. GB 50736—2012, 民用建筑供暖通风与空气调节设计规范 [S]. 北京：中国标准出版社，2012.

[20] 中华人民共和国住房和城乡建设部. GB 50495—2009, 太阳能供热采暖工程技术规范 [S]. 北京：中国标准出版社，2009.

[21] David Lindelöf, Hossein Afshari, et al. Field tests of an adaptive, model－predictive heating controller for residential buildings [J]. Energy and Buildings, 2015 (99)：292~302.

[22] Fouda A, Melikyan Z, Mohamed M A, et al. A modified method of calculating the heating load for residential buildings [J]. Energy and Buildings, 2014 (75)：170~175.

[23] Milorad Bojić, Marko Miletić, et al. Influence of additional storey construction to space heating of a residential building [J]. Energy and Buildings, 2012 (54)：511~518.

[24] 陆亚俊，马最良，邹平华. 暖通空调 [M]. 北京：中国建筑工业出版社，2007.

[25] 刘利华. 基于太阳能的吸收压缩混合循环热泵系统研究 [D]. 杭州：浙江大学，2013.

[26] 刘寅. 太阳能－空气复合热源热泵系统性能研究 [D]. 西安：西安建筑科技大学，2010.

[27] Fadhel M I, Sopian K, Daud W R W, et al. Review on advanced of solar assisted chemical heat pump dryer for agriculture produce [J]. Renewable and Sustainable Energy Reviews, 2011, 15 (2): 1152~1168.

[28] 凌辰、陈振乾，施明恒. 太阳能驱动第二类吸收式热泵的模拟研究 [J]. 东南大学学报，2002, 32 (1): 1~5.

5 太阳能储热水箱数值模拟

5.1 Fluent 软件基础

Fluent 软件是一款模拟复杂几何形状区域中液体流动问题和热量交换问题的国际通用的 CFD 专业软件[1]。Fluent 允许用户使用非结构化网格，当然更易于处理结构化网格，如四边形网格和三角形网格大量存在的二维问题和楔形网格、菱形网格、六面体网格以及四面体网格大量存在的三维问题。Fluent 还可以依据计算求解的结果对网格进行粗化或细化。Fluent 软件是当今世界 CFD 仿真领域最为全面的软件之一，具有广泛的物理模型，能够快速、准确地得到 CFD 分析结果。

Fluent 软件拥有模拟流动、湍流、热传递和反应等广泛物理现象的能力，在工业上的应用包括从流过飞机机翼的气流到炉膛内的燃烧、从鼓泡塔到钻井平台、从血液流动到半导体生产，以及从无尘室设计到污水处理装置等[2]。软件中的专用模型可以用于开展缸内燃烧、空气声学、涡轮机械和多相流系统的模拟。现今，全世界范围内数以千计的公司将 Fluent 与产品研发过程的设计和优化阶段相整合。先进的求解技术可提供快速、准确的 CFD 结果，灵活的移动和变形网络以及出众的并行可扩展能力、用户自定义函数可实现全新的用户模型和扩展现有模型。Fluent 具有丰富的物理模型、先进的数值方法以及强大的后处理功能，在航空航天、汽车设计、石油、天然气、涡轮机设计等方面广泛应用。Fluent 的应用范围非常广泛，大致上有可压缩流动、不可压缩流动、多孔介质分析、固体与液体流动分析、稳态和瞬态流动、无黏流体流动、层流及湍流等。

Fluent 是使用 C 语言开发的，可以支持 Windows 和 Unix 等多种平台，支持基于 MPI 的并行计算。使用 Fluent 可以通过残差窗口和一些其他的监测窗口对计算结果进行实时监测。计算结果的显示方式也是多种的，以适应各种需求。Fluent 软件结构主要包括前处理器、求解器和后处理器三部分。前处理器主要用来建立所要计算问题的几何模型及网络划分。求解器是 Fluent 软件模拟计算的核心程序。后处理器带有功能比较强大的后处理功能。Fluent 可以计算的流动类型包括：任意复杂外形的二维和三维流动、可压和不可压缩流动、定常和非定常流动、无黏流、层流和湍流流动、惯性坐标和非惯性坐标下的流场计算、复杂表面问题中带自由面流动的计算等。

Gambit 是专用的 CFD 前处理软件包，用来模拟生成网格模型，由它所生成的网格可供多种 CFD 程序或商业 CFD 软件所使用。它的主要功能包括：（1）构造几何模型；（2）划分网格；（3）指定边界条件。

在建立好网格文件后使用 Fluent 软件的求解步骤如下：（1）确定解算器，2D、3D、2DDP、3DDP；（2）输入网格；（3）检查网格；（4）选择求解方法；（5）选择基本方法；（6）指定材料物性参数；（7）指定边界条件；（8）调节解决方案的控制参数；（9）初始化流场；（10）求解；（11）检查结果；（12）保存结果；（13）在必要的条件下重新优化网格或考虑修正数学和物理模型。流体的运动一般遵循三个基本的守恒定律，即质量守恒定律、动量守恒定律和能量守恒定律，在流体力学中为连续性方程、动量方程和能量方程。

Fluent 边界条件包括速度入口、压力入口、质量入口、压力出口、质量出口、进风口和出风口等。在迭代计算之前，要赋予迭代计算一个初始值。设定这个初值的过程就是初始化。如果初值就是所要求得的解，则只需要迭代一步即完成计算，如果初值离所求解很远，则需迭代较长时间，甚至导致计算无法收敛。进行 Fluent 计算首先要读入 mesh 文件。mesh 文件即是应用 Gambit 建模后生成的文件类型。如果 mesh 文件生成中有错误，Fluent 会自动报错；如果在 mesh 生成文件时疏于定义边界条件，Fluent 会在允许的条件下自动定义成 wall 型边界条件，即壁面边界条件。成功读入 mesh 文件之后，进行常规设置。通常设置重力方向及大小和区分定常流动还是非定常流动。非定常流动可以理解为流体从初始零时刻开始随着时间步长一步一步地从速度入口流入流场。其中，每一时刻的流体状态可能有所差异。定常流动则是流体的流动不随时间发生变化。流动状态随时间变化的流域模拟必须要使用非定常流动。

5.2 物理模型

Fluent 软件在解决流体流动问题与传热问题方面应用非常广泛。Fluent 操作简单，并且有先进的非结构化网格技术与丰富的物理模型。Fluent 完全非结构化方法极大减少了建立计算模型所需要的时间与精力。高效率的串行与并行求解器缩短了求解时间，并且集成简单的后置处理器简化了结果的分析。因此，选择流体分析软件 Fluent 对储热水箱内的流场与温度场进行数值模拟分析[3~5]。

对于影响太阳能储热水箱[6~8]分层的因素主要有以下几种：

（1）储热水箱热水入口流速、流量；

（2）储热水箱入口水温与储热水箱初始水温。

　　所以下面对储热水箱的研究也是主要针对这两方面去研究。

　　对三种储热水箱模型进行比较。Ⅰ、Ⅱ、Ⅲ型储热水箱简图分别如图 5 - 1 ~ 图 5 - 3 所示。Ⅰ型的冷热水进出口都分列储热水箱两侧；Ⅱ型的热水进口置于储热水箱顶部，其他进出口分列储热水箱两侧；Ⅲ型是从储热水箱内部布置一热水导管，热水从储热水箱内部导管导入，冷水从底部导出。三种类型的储热水箱工作过程都是相同的，从太阳能来的热水进出储热水箱顶部，进行分层加热，同时等量的冷水从底部进入集热器加热。热水从顶部出口出去供热形成循环。这三种类型的储热水箱都可以快速提供热水，且减少了冷热水混合程度，提高了储热水箱性能，从而提高整个太阳能吸收式热泵系统性能。储热水箱主要参数见表 5 - 1。

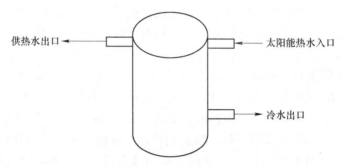

图 5 - 1　　Ⅰ型储热水箱简图

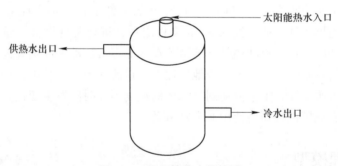

图 5 - 2　　Ⅱ型储热水箱简图

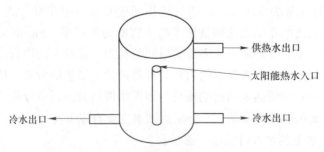

图 5 - 3　　Ⅲ型储热水箱简图

表 5 – 1 储热水箱主要参数

类型	高度/cm	储热水箱内径/cm	进出口管内径/cm
Ⅰ	624	200	6
Ⅱ	624	200	6
Ⅲ	624	200	6

5.3　控制方程

流体流动满足质量守恒定律、动量守恒定律和能量守恒定律。这些定律在流体力学中的体现就是连续性方程和 $N-S$ 方程。

5.3.1　物质导数

在欧拉观点下，流场中的物理量都是空间坐标和时间的函数，即

$$T = T(x,y,z,t) \tag{5-1}$$

$$p = p(x,y,z,t) \tag{5-2}$$

$$v = v(x,y,z,t) \tag{5-3}$$

研究各物理量对时间的变化率，如速度分量 u 对时间的变化率，则有：

$$\frac{\mathrm{d}u}{\mathrm{d}t} = \frac{\partial u}{\partial t} + \frac{\partial u}{\partial x}\frac{\mathrm{d}x}{\mathrm{d}t} + \frac{\partial u}{\partial y}\frac{\mathrm{d}y}{\mathrm{d}t} + \frac{\partial u}{\partial z}\frac{\mathrm{d}z}{\mathrm{d}t} = \frac{\partial u}{\partial t} + u\frac{\partial u}{\partial x} + v\frac{\partial u}{\partial y} + w\frac{\partial u}{\partial z} \tag{5-4}$$

式中　u，v，w——速度矢量 V 沿着 x，y，z 轴的三个速度分量。

将上式的 u 用 N 代替，代表任意物理量，得到任意物理量 N 对时间 t 的变化率，即 N 的质点导数：

$$\frac{\mathrm{d}N}{\mathrm{d}t} = \frac{\partial N}{\partial t} + u\frac{\partial N}{\partial x} + v\frac{\partial N}{\partial y} + w\frac{\partial N}{\partial z} \tag{5-5}$$

式中，等号右边第一项称为当地变化率，后三项称为迁移变化率。

5.3.2　连续性方程

按照质量守恒定律，进出质量之差必然与控制体内部流体质量增加值相等，从而可推导出流体流动连续性方程的积分形式：

$$\frac{\partial}{\partial t}\iiint\limits_{\mathrm{Vol}}\rho\mathrm{d}x\mathrm{d}y\mathrm{d}z + \oiint\rho\,\boldsymbol{v}\cdot\boldsymbol{n}\mathrm{d}A = 0 \tag{5-6}$$

式中，Vol 表示控制体，A 表示控制面。等号左边第一项表示控制体 Vol 内部质量增加的值；第二项表示通过控制表面流入控制体的净通量。

根据数学中的高斯公式，在笛卡尔坐标系下可将其化为微分形式如下：

$$\frac{\partial\rho}{\partial t} + u\frac{\partial(\rho u)}{\partial x} + v\frac{\partial(\rho v)}{\partial y} + w\frac{\partial(\rho w)}{\partial z} = 0 \tag{5-7}$$

因为不可压缩均质流体，密度是定值，则有：

$$\frac{\partial u}{\partial x} + \frac{\partial v}{\partial y} + \frac{\partial w}{\partial z} = 0 \qquad (5-8)$$

对于圆柱坐标系，其形式为：

$$\frac{\partial \rho}{\partial t} + \frac{\rho v_r}{r} + \frac{\partial (\rho v_r)}{\partial r} + \frac{\partial (\rho v_\theta)}{r \partial \theta} + \frac{\partial (\rho v_z)}{\partial z} = 0 \qquad (5-9)$$

对于不可压缩均质流体，密度为常数，则有：

$$\frac{v_r}{r} + \frac{\partial v_r}{\partial r} + \frac{\partial v_\theta}{r \partial \theta} + \frac{\partial v_z}{\partial z} = 0 \qquad (5-10)$$

5.3.3 $N-S$ 方程

$$\rho \frac{\mathrm{d}u}{\mathrm{d}t} = \rho f_x - \frac{\partial p}{\partial x} + \frac{\partial}{\partial x}\left\{\mu\left[2\frac{\partial u}{\partial x} - \frac{2}{3}\left(\frac{\partial u}{\partial x} + \frac{\partial v}{\partial y} + \frac{\partial w}{\partial z}\right)\right]\right\} +$$
$$\frac{\partial}{\partial y}\left[\mu\left(\frac{\partial u}{\partial y} + \frac{\partial v}{\partial x}\right)\right] + \frac{\partial}{\partial z}\left[\mu\left(\frac{\partial w}{\partial x} + \frac{\partial u}{\partial z}\right)\right] \qquad (5-11)$$

$$\rho \frac{\mathrm{d}v}{\mathrm{d}t} = \rho f_y - \frac{\partial p}{\partial y} + \frac{\partial p}{\partial y}\left\{\mu\left[2\frac{\partial u}{\partial x} - \frac{2}{3}\left(\frac{\partial u}{\partial x} + \frac{\partial v}{\partial y} + \frac{\partial w}{\partial z}\right)\right]\right\} +$$
$$\frac{\partial}{\partial z}\left[\mu\left(\frac{\partial v}{\partial z} + \frac{\partial w}{\partial y}\right)\right] + \frac{\partial}{\partial x}\left[\mu\left(\frac{\partial u}{\partial y} + \frac{\partial v}{\partial x}\right)\right] \qquad (5-12)$$

$$\rho \frac{\mathrm{d}w}{\mathrm{d}t} = \rho f_z - \frac{\partial p}{\partial z} + \frac{\partial p}{\partial z}\left\{\mu\left[2\frac{\partial u}{\partial z} - \frac{2}{3}\left(\frac{\partial u}{\partial x} + \frac{\partial v}{\partial y} + \frac{\partial w}{\partial z}\right)\right]\right\} +$$
$$\frac{\partial}{\partial x}\left[\mu\left(\frac{\partial w}{\partial x} + \frac{\partial u}{\partial z}\right)\right] + \frac{\partial}{\partial y}\left[\mu\left(\frac{\partial v}{\partial z} + \frac{\partial w}{\partial y}\right)\right] \qquad (5-13)$$

5.4 模型简化与假设

对模型所做简化与假设如下：
（1）在模拟的温度范围内，水被看作是不可压缩流体；
（2）储热水箱以及导管壁面都为绝热；
（3）水的密度设定符合 Boussinesq 假设；
（4）储热水箱热水进口流速看作是恒定不变的。

5.5 模型网格划分

因为太阳能储热水箱尺寸较大，而且需要模拟组数较多，如果采用三维模拟，对设备要求较高，且需要几个月时间来计算，所以采用二维模拟，以缩短计算时间。利用 Gambit 分别对三种类型的储热水箱计算模型进行网格划分，网格单元为四边形单元，网格划分方式为结构化四边形方式，网格数量为49000，如图5-4所示。

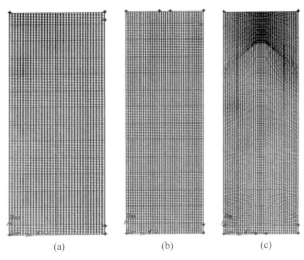

(a)　　　　　　　(b)　　　　　(c)

图5-4　三种储热水箱的网格划分

（a）Ⅰ型；（b）Ⅱ型；（c）Ⅲ型

5.6　储热水箱内流动与换热仿真分析

5.6.1　启动 Fluent－2d

此次模拟选择二维单精度求解器。

5.6.2　建立求解模型

建立求解模型的步骤如下：

（1）设置求解器（solver）。Fluent 求解方法有非耦合式、耦合隐式、耦合显式。非耦合求解器大多用于无法压缩或小马赫数压缩性流体的流动。耦合求解器可用于高速可压缩流动。对于太阳能储热水箱内以及各导管的流体流动流速较小，水为不可压缩流体，所以选择非耦合求解方法，且为非稳态。

（2）选择湍流模型。当热水入口流速为 0.05m/s 时，经过计算雷诺数为9196（大于2300），为紊流状态，这是模拟中最小速度对应的雷诺数，所以该雷诺数也是最小的，所以模拟中都选择湍流模型是合适的。

Fluent 包含的湍流模型主要有：1）Spalart－Allmaras 模型；2）$k-\varepsilon$ 模型；3）$k-\omega$ 模型；4）雷诺应力模型（RSM）；5）大涡模拟模型（LES）。

第一种模型大多用在模拟航空领域的模型，如墙壁束缚流动，当然在透平机械中也可以用这个模型来模拟。这个模型可以用来处理由于湍流流动黏滞率而变化的数量方程。

第二种模型中的标准 $k-\varepsilon$ 模型自从被 Launder 和 Spalding 提出之后，在工程流场计算中扮演了重要角色，是首选的利用工具。它应用广泛、经济，是一种半经验的公式，由实验现象进行概括得出的。这个模型能够应用于完全紊流状态，能够不计分子黏性的作用，且只适用于这种流动状态的流动过程模拟。

第三种模型中的标准 $k-\omega$ 模型是根据 Wilcox $k-\omega$ 模型，包括低雷诺数、可压缩性和剪切流传播。该模型能够应用到墙壁束缚流动和自由剪切流动。

第四种模型主要用于预测边壁射流中的边壁效应。大涡模拟模型（LES）主要在大气与环境科学的研究中有所应用[9]。所以本模拟最终选择 $k-\varepsilon$ 模型。

（3）流体物理属性。水的物性参数见表 5 - 2。

表 5 - 2　水的物性参数

项　　目	参 数 设 置
密度 ρ/kg · m^{-3}	Boussinesq 假设，设定参考密度 998
定压比热容 c_p/J · (kg · K)$^{-1}$	4182
黏性系数/kg · (m · s)$^{-1}$	0.001003
线膨胀系数/K^{-1}	0.02269
热导率/W · (m · K)$^{-1}$	0.6

5.6.3　运行条件

运行环境压力为 101325Pa，根据几何模型坐标确定动力方向：X：0m/s；Y：-9.8m/s^2。

5.6.4　边界条件

壁面设置为无滑动且绝热，热水入口速度为 0.1m/s，方向垂直于边界，入口温度为 363.16K，出口设置为 OUTFLOW。

5.6.5　初始化设置

采用绝对坐标系统，求解域内的水的初始温度设定将根据具体的模拟要求设置。

5.6.6　残差

残差图以回归方程的自变量为横坐标，以残差为纵坐标，将每一个自变量的残差在平面坐标上汇成图形。当描绘的点围绕残差等于零的直线上、下随机散布时，说明回归直线对原观测值的拟合情况良好。否则，说明回归直线对原观测值的拟合不理想。残差图只是用来监测计算的过程并影响计算结果，用来判定计算是否收敛。从图例上看，不同的颜色代表了不同的参数曲线，如 x、y 和 z 方向上的速度、动量和能量方程等。至于计算方程的选择就没有固定的说法，有些模型用 $k-e$ 方程计算会好点，而有些模型可选用其他方程。本次选用的 $k-e$ 方程。通过残差对模拟过程进行监控，建立储热水箱流体平均温度监测的窗口。表 5 - 3 给出了残差设置。

表 5 - 3　残差设置

残　差	绝对标准	残　差	绝对标准
Continuity	0.001	energy	1e - 06
x - velocity	0.001	k	0.001
y - velocity	0.001	epsilon	0.001

5.7　计算结果与分析

5.7.1　三种类型储热水箱比较

　　图 5 - 5 依次是 I 型、II 型、III 型储热水箱的温度云图。在这项研究中，三种储热水箱模型几何参数是常数，直径 200cm、高度 624cm，进水管和出水管直径都为 6cm；运行参数为热水入口温度为 363.16K，储热水箱中流体初始温度为 273.16K，热水入口流量都为 0.28kg/s。分别对这三种储热水箱利用温度云图进行模拟分析比较。I 型储热水箱，热水从顶部右侧热水管进入，冷水从底部右侧流出。热水进入时有较高的动能，进口的热水在储热水箱内部扩散，并且在储热水箱顶部引起了与内部冷水的混合流动。图 5 - 5 是在 $t = 500s$ 时，I 型、II 型、III 型储热水箱的温度云图。从图中可以清楚地观察到，I 型、II 型储热水箱的分层加热情况都好，但 II 型储热水箱温度分层更明显，热利用效率更高。III 型储热水箱的冷热水混合情况较严重，热水到达顶部，与储热水箱顶部壁面接触后，沿顶部壁面向两侧流动，最后到达两侧壁面，并没有形成分层加热，而是继续沿两侧壁面流动。形成的涡流破坏了温度分层，最终导致严重的冷热水混合，不能达到储热水箱从顶部逐步加热的分层加热效果，热利用效率较低。所以得出这次模拟给定的条件下，II 型储热水箱的分层加热最优、热利用效率最高。下面将对 II 型储热水箱进行进一步的研究。

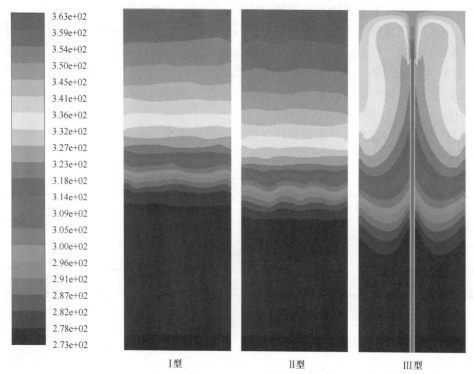

图 5 - 5　Ⅰ型、Ⅱ型、Ⅲ型储热水箱的温度云图（$t = 500\text{s}$）

5.7.2　Ⅱ型储热水箱

5.7.2.1　不同质量流量对分层的影响

当固定水箱高度 $h = 624\text{cm}$，储热水箱半径 $R = 100\text{cm}$，纵横比为 3.5，入口水温 $T_{\text{in}} = 363.16\text{K}$，储热水箱初始水温 $T_{\text{ini}} = 333.16\text{K}$；设置三种不同的热水入口质量流量分别为 0.14kg/s、0.28kg/s、0.42kg/s，分别研究水箱分层的影响，结果如图 5 - 6 所示。从左到右依次是质量流量为 0.14kg/s、0.28kg/s、0.42kg/s，三种质量流量都获得了很好的分层，都得到了从顶部开始逐步加热的分层加热效果。如图所示，随着质量流量的增加，入口热水沿轴向方向进入到储热水箱更深的位置。随着时间流逝，冷水逐渐充满储热水箱更低空间同时维持着稳定的温度分层。变温层的厚度增长是一个关于时间的函数，即伴随时间流逝而增加。这主要是由于通过变温层的热传导，储热水箱壁面导热和在热水入口处冷热水混合传热。经过对流场的分析，变温层在质量流量更低时，破坏更严重。能量的衰减因为热扩散、墙壁导热的影响直接与时间成正比。因此，能量的衰减由于通过变温层的热传导和沿储热水箱壁面轴向导热的缘故随着时间而增加。还有一点，随着质量的增加，冷热水混合更严重，这会破坏温度分层，冷热水混合与热扩散之间产生的矛盾可得到最优质量流量。

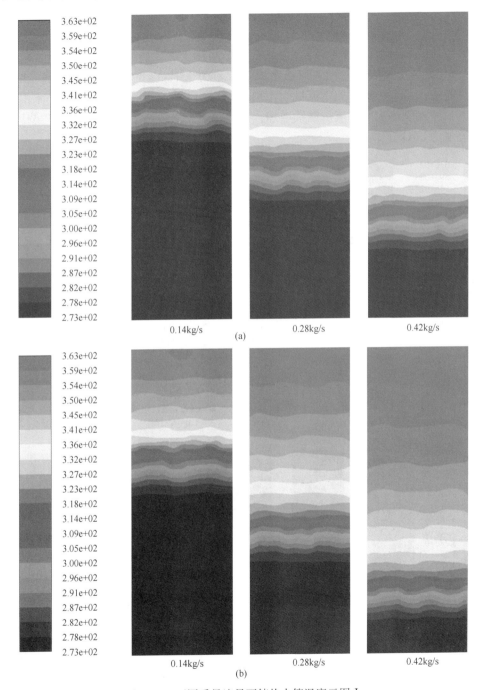

图5-6 不同质量流量下储热水箱温度云图Ⅰ

（a）$t = 500\text{s}$；（b）$t = 600\text{s}$

图 5 - 7 给出了不同质量流量对储热水箱分层加热效果的影响。质量流量分别为 2.8kg/s、3.1kg/s、3.4kg/s、3.7kg/s、4.0kg/s、4.2kg/s、4.5kg/s、4.8kg/s、5.1kg/s、5.4kg/s 和 5.7kg/s。随着质量的增加，冷热水混合更严重，这会破坏温度分层，冷热水混合与热扩散之间产生的矛盾可得到最优质量流量。图 5 - 7 流场分析表明，当入口热水质量流量为 3.1kg/s 时，有热水先于冷水从出口流出；当入口热水质量流量为 4.8kg/s 时，已经不能形成分层且冷热水混合严重；当入口热水质量流量继续增加，冷热水混合更加严重。模拟条件下最优质量流量为 3.1kg/s。

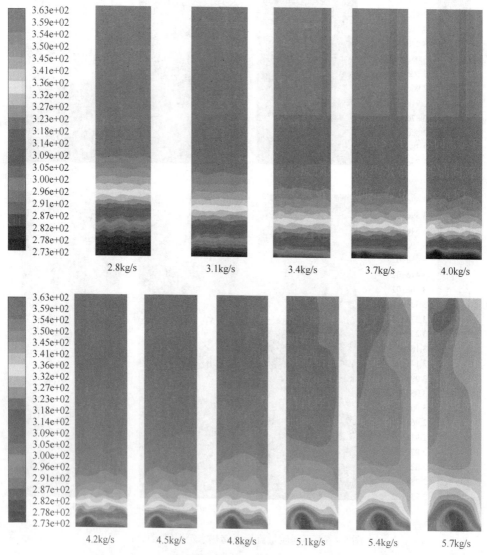

图 5 - 7　不同质量流量下储热水箱温度云图 Ⅱ （$t = 100s$）

5.7.2.2 热水入口温度对储热水箱分层加热的影响

当固定水箱高度 $h = 624cm$，储热水箱半径 $R = 100cm$，进出口管半径 $r = 3cm$，储热水箱初始水温 $T_{ini} = 273.16K$，热水入口质量流量 $0.28kg/s$；设置三种不同的储热水箱热水入口水温，分别为 $363.16K$、$353.16K$ 和 $343.16K$，考察温度对储热水箱分层加热的影响，结果如图 5 – 8 所示。从左到右依次是热水入口温度为 $363.16K$、$353.16K$ 和 $343.16K$，分别对两个时间 $500s$ 和 $1000s$ 的水平去研究。容易发现不同的热水入口水温最终都形成了稳定的分层，没有冷热水混合发生，尤其在顶部区域。但储热水箱热水入口为 $363.16K$ 时，在 $1000s$ 时变温层增长稍快于其他两个温度，但不是很明显。

5.7.2.3 不同初始温度对储热水箱分层的影响

当固定储热水箱高度 $h = 624cm$，储热水箱半径 $R = 100cm$，进出口管半径 $r = 3cm$，储热水箱热水入口水温 $363.16K$，热水入口质量流量 $0.28kg/s$；设置三种不同的储热水箱初始水温 T_{ini} 分别为 $343.16K$、$323.16K$ 和 $273.16K$，考察温度对储热水箱分层的影响；结果如图 5 – 9 所示。从左到右依次是储热水箱初始温度为 $343.16K$、$323.16K$ 和 $273.16K$，不同的热水入口水温最终都形成了稳定的分层，不同的储热水箱初始水温对储热水箱分层加热的影响近乎为零。但可以看出，当初始温度为 $273.16K$ 时，分层更稳定一些，$1000s$ 时，分层最明显的也是初始温度为 $273.16K$。初始温度为 $343.16K$ 时，分层破坏较严重。

5.7.2.4 不同流速对储热水箱分层影响

当固定水箱高度 $h = 624cm$，储热水箱半径 $R = 100cm$，储热水箱热水入口水温 $363.16K$，储热水箱初始水温为 $333.16K$，固定流量为 $0.28kg/s$；设置四种不同热水入口流速 $0.005m/s$、$0.05m/s$、$0.1m/s$ 和 $0.15m/s$，考察流速对储热水箱分层加热的影响。如图 5 – 10 所示，三种速度都形成稳定的分层加热，当速度增大时，变温层增长得更快。也就是说储热水箱入口热水质量流量是常数的条件下，减小热水进水管直径，同时提高热水流速有助于储热水箱分层加热。前文已通过模拟研究得知，在将入口热水质量流量固定为 $0.28kg/s$ 时，提高流速有助于流场分层，加强分层加热，提高储热水箱热能利用率。

但是不是一味提高流速都有助于储热水箱分层加热，下面又对这个问题进行了进一步的研究。研究中，依然是固定入口热水质量流量为 $0.28kg/s$，速度从 $0.1m/s$ 逐渐提高依次是 $0.15m/s$、$0.3m/s$、$0.4m/s$、$0.5m/s$、$0.6m/s$ 和 $0.7m/s$。为了减少模拟时间，本系列的模拟都取 $100s$ 时储热水箱内的温度场进行研究，结果如图 5 – 11 所示。由图可知，随着速度的增大，一直到速度增大到 $0.5m/s$ 时，温度场的变温层逐渐变宽，也即是变温层的增长速度变大，到 $0.5m/s$ 时最大，并且形成了稳定分层加热。但当速度继续增大到 $0.6m/s$ 时，温度场的变温层反而变窄了，当流速增大到 $0.7m/s$ 时，冷热水严重混合，温度场

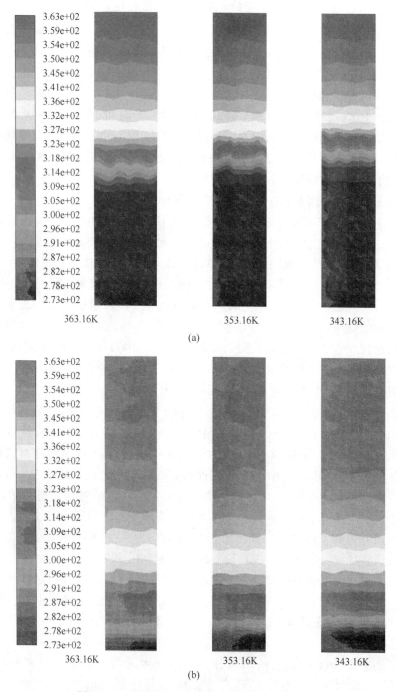

图 5 - 8   不同热水入口温度下储热水箱温度云图

（a）$t = 500\text{s}$；（b）$t = 1000\text{s}$

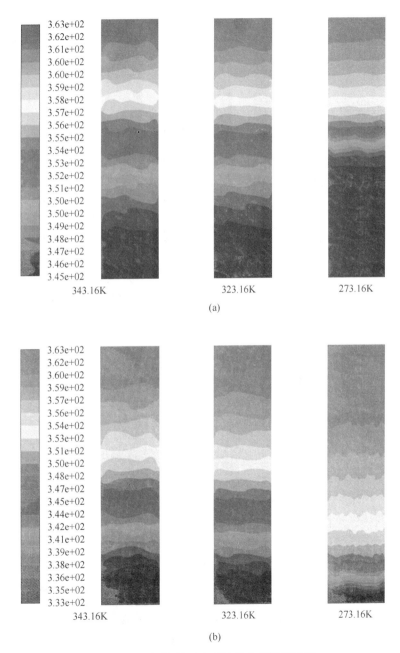

图 5-9 不同初始温度下储热水箱温度云图

(a) $t=500s$；(b) $t=1000s$

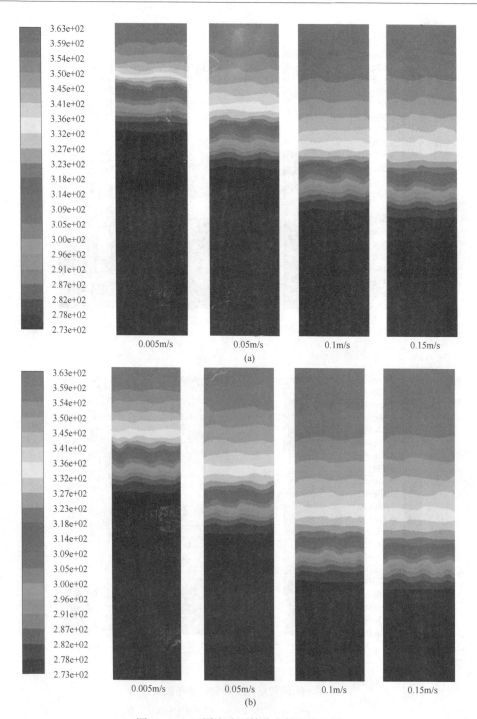

图 5-10　不同流速下储热水箱温度云图

（a）$t=500\mathrm{s}$；（b）$t=600\mathrm{s}$

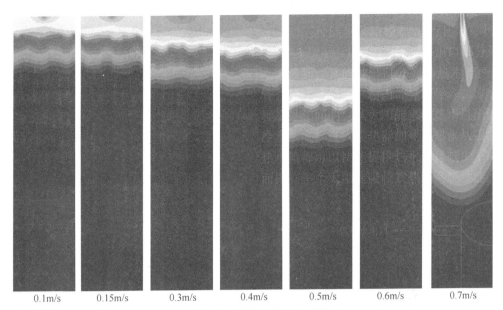

图 5 - 11 不同流速下储热水箱温度云图（$t = 100s$）

没有形成预期从储热水箱顶部轴向逐步加热的分层加热效果。由此得出，在将入口热水质量流量固定为 0.28kg/s 时，最优的流速应该是 0.5m/s。

5.8 小结

通过 Fluent 软件对三种类型储热水箱瞬态的温度分布进行了模拟研究，研究发现 II 型储热水箱分层加热效果最好。同时对不同的运行参数下 II 型储热水箱温度分布的影响进行了研究。对于固定储热水箱直径、高度、热水入口温度、储热水箱初始温度时，热水流量适当增大有利于分层加热，且得到最优质量流量。储热水箱初始温度一定，不同热水入口温度对分层加热影响不大。其他条件一定，当入口温度与初始温度差增大时，分层加热更好。当热水入口流量一定，固定储热水箱直径、高度、热水入口温度和储热水箱初始温度一定时，提高流速有助于分层加热，提高热能利用率，且得到最优的储热水箱热水入口流速。

参 考 文 献

[1] 韩占忠，王敬，兰小平. Fluent 流体工程仿真计算实例与应用 ［M］. 北京：北京理工大学出版社，2004.

[2] 温正. Fluent 流体计算应用教程 ［M］. 北京：清华大学出版社，2013.

［3］蔡文玉. 基于 CFD 的太阳能分层加热储热水箱优化研究 ［D］. 杭州：浙江大学，2014.

［4］Yan Su, Jane H Davidson. A non – dimensional lattice boltzmann method for direct and porous medium model simulations of 240 – tube bundle heat exchangers in a solar storage tank ［J］. International Journal of Heat and Mass Transfer, 2015（85）：195～205.

［5］Xing Ju, Chao Xu, Gaosheng Wei, et al. A novel hybrid storage system integrating a packed – bed thermocline tank and a two – tank storage system for concentrating solar power（CSP）plants ［J］. Applied Thermal Engineering, 2016（92）：24～31.

［6］曲世琳，王东旭，董家男，等. 基于 TRNSYS 的太阳能水源热泵系统优化研究 ［J］. 南京理工大学学报，2015（4）：494～499.

［7］朱海威，高文峰，林文贤，等. 上循环管位置对平板型家用太阳能热水器性能的影响 ［J］. 云南师范大学学报，2014，34（4）：20～24.

［8］李舒宏，闻才，张小松，等. 入水口结构对太阳能储热水箱用能特性的影响研究 ［J］. 太阳能学报，2013，34（4）：670～675.

［9］彭涛，钱若军. 大涡模拟（LES）理论研究述评 ［J］. 自然科学进展，2004（1）：11～19.

6　太阳能热泵节能分析

节约能源是我国经济发展的一项长期战略任务，因此设计中必须认真贯彻《中华人民共和国节约能源法》中的有关规定[1]，积极采用新技术、新工艺、新材料，以达到节能的目的。基于节能、环保和可持续发展重要定位，在本次设计中采用了较多的节能和环保的新工艺新技术。设计面积为 8335m^2，冬季供暖和夏季制冷时间均为 120 天，设备每天运行时间为 24h。

冬季供暖和夏季制冷方案主要包括以下几种形式：

（1）冬季锅炉供暖 + 夏季分体式空调制冷：1）燃煤锅炉 + 分体式空调；2）燃油锅炉 + 分体式空调；3）燃气锅炉 + 分体式空调。

（2）城市集中供热 + 分体式空调。

（3）热泵型空调冬季供暖 + 夏季制冷。

（4）集中式中央空调系统。

（5）太阳能吸收式热泵系统：1）吸收式热泵 + A 公司平板集热器；2）吸收式热泵 + B 公司平板集热器。

6.1　冬季锅炉供暖 + 夏季分体式空调制冷

6.1.1　燃煤锅炉 + 分体式空调

6.1.1.1　冬季燃煤锅炉供暖

燃料名称：Ⅱ类烟煤。

（1）燃料工作基成分[2]。碳 $C_y = 46.55\%$；氢 $H_y = 3.06\%$；氧 $O_y = 6.11\%$；氮 $N_y = 0.86\%$；硫 $S_y = 1.94\%$；水分 $W_y = 9.00\%$；灰分 $A_y = 22.48\%$；挥发分 $Vr = 38.5\%$。

（2）燃料低位发热值 $Q_{DW}^y = 17664.68 \text{kJ/kg}$。

表 6 - 1 给出了燃煤锅炉[3]技术参数。

表 6 - 1　燃煤锅炉技术参数

序号	名　　称	单位	符号	数值
1	理论空气量	m^3/kg	V_0	4.81
2	实际空气需要量	m^3/kg	$V_{实际}$	6.734
3	实际烟气生成量	m^3/kg	V_n	7.08
4	单位时间所需要的燃煤量	kg/h	G	718
5	循环水泵数量	台	n	3

（3）燃煤费用。4t 燃煤锅炉 1h 需要的燃煤量为 718kg，整个采暖季 120 天需要燃煤量为 $718 \times 24 \times 120 = 2067840$kg。唐山市 Ⅱ 类烟煤最新价格为 800 元/t（0.8 元/kg），则整个采暖季燃煤费用为 800 元/t×2067840kg/1000 = 1654272 元。

（4）辅机耗电费用。辅机主要包括鼓风机、引风机、上煤机、除渣机、除尘器、循环水泵、电控柜和减速机等设备，辅机参数见表 6 - 2。

表 6 - 2　锅炉辅机参数　　　　　　　　　（kW）

鼓风机功率	引风机功率	减速机	除渣机
5.5	18	0.75	1.1
除尘器	循环水泵功率	上煤机	软化水设备
5	15	1.1	5
电控柜	炉排	其他部件	总计
4	1	24	80

辅机耗电费用 = 辅机总功率×电价×运行时间 = 80kW×24h×120 天×0.72 元/kW·h = 165888 元。

（5）排污费用。经分析，一台燃煤锅炉供暖季节共消耗 Ⅱ 类烟煤 2067840kg，烟气排放量约为 10925t/a，二氧化硫排放量为 320 t/a，缴纳排放费约 20000 元。

6.1.1.2　夏季分体式空调制冷

空调的 1 匹是指制冷量约为 2000 大卡，换算成国际单位约为 2324W，则 1.5 匹的制冷量约为 3486W。由于分体式空调的主要耗电量来自于压缩机的做功，室外温度变化以及室内温度设定等原因导致压缩机不是一直保持在 100% 做功的工况，所以考虑开机系数[4,5]为 0.8。

面积为 8335m^2 的 1h 冷负荷需求为 672kW，如果现有制冷全部采用某知名公司 1.5 匹的分体机，则需要分体机约 192 台。表 6 - 3 为选定的某公司空调技术参数。

表 6-3　某公司空调技术参数

制冷量/kW	制冷功率/kW	制热量/kW	制热功率/kW	电加热功率/kW
3.5	1.1	4.4	1.48	1
除湿量/m³·h⁻¹	循环风量/m³·h⁻¹	冷暖类型	变频/定频	能效比
1.3×10^{-3}	630	冷暖型	变频	3.41

分体空调耗电量 = 单台空调耗电量 × 台数 × 开机时间 × 开机系数 = 1.1kW × 192 台 × 24h × 120 天 × 0.8 = 486604kW·h。

分体空调运行费用 = 486604kW·h × 0.72 元/(kW·h) = 350354 元。

6.1.1.3　成本费用

成本费用主要包括冬季供暖锅炉成本和夏季制冷空调成本,锅炉成本包括本体和附件成本。

(1) 锅炉成本 = 单台锅炉报价 × 台数 = 248000 元/台 × 2 台 = 496000 元。

(2) 某公司 1.5 匹变频空调(能效等级 3 级)市场价格 3598 元/台。如果全部选用该公司 1.5 匹变频空调,则 192 台空调的采购价格大约为:空调成本 = 单台空调报价 × 台数 = 3598 元/台 × 192 台 = 690816 元。

(3) 成本费用 = 锅炉成本 + 空调成本 = 496000 元 + 690816 元 = 1186816 元。

6.1.1.4　全年费用

全年费用 = 夏季运行费用 + 冬季运行费用 + 全年维修费用 + 运行人工工资费用

(1) 全年维修费用。变频空调系统[6~8]由于工况稳定、自动化控制程度高、机组运行可靠、使用寿命长等特点,可大大降低维护维修费用,年 103622 元(按单台空调价格 15% 估算)以内即可完全满足。

参考锅炉房的维修费用统计资料,2 台 4t 锅炉维修费用约为 20000 元,用于管网的维修费用约为 10000 元,两项合计为 30000 元。

(2) 运行人工工资费用。变频空调系统性能的优越性决定了对操作管理人员用量少的特点,可大幅度减少运行工作人员的配置。依据经验,运行配置 4 人即可,在岗职工平均工资 29075 元,人工工资费用年约 116300 元。

锅炉房日常运行工人数为 4 人,在岗职工平均工资 29075 元,人工工资费用年约 116300 元。

全年费用 = 夏季运行费用 + 冬季运行费用 + 全年维修费用 + 运行人工工资费用 = 350354 元 + 1840160 元 + 133622 元 + 232600 元 = 2556736 元。

6.1.2　燃油锅炉 + 分体式空调

6.1.2.1　冬季燃油锅炉供暖

燃料名称:0 号轻柴油。

（1）燃料工作基成分。碳 $C_{ar} = 85.55\%$ ；氢 $H_{ar} = 13.49\%$ ；氧 $O_{ar} = 0.66\%$ ；氮 $N_{ar} = 0.04\%$ ；硫 $S_{ar} = 0.25\%$ ；水分 $W_{ar} = 8.00\%$ ；灰分 $A_{ar} = 0.01\%$ ；挥发分 $M_{ar} = 0\%$ 。

（2）燃料低位发热值 $Q_{DW}^y = 42900kJ/kg$ 。

表 6 - 4 给出了燃油锅炉参数情况。

表 6 - 4　燃油锅炉主要参数汇总

序号	名　称	单位	符号	数值
1	理论空气量	m^3/kg	V_0	11.2
2	实际空气需要量	m^3/kg	$V_{实际}$	13.24
3	实际烟气生成量	m^3/kg	V_n	24.7
4	单位时间所需要的燃油量	kg/h	G	107
5	循环水泵数量	台	n	1

（3）燃油费用。4t 燃油锅炉 1 小时需要的燃油量为 107kg，整个采暖季 120 天需要柴油量为 $107 \times 24 \times 120 = 308160kg$ 。唐山市 0 号轻柴油最新价格为 8475 元/t（7.32 元/L），则，整个采暖季燃油费用为 8475 元/t $\times$ 308160kg/1000 = 2611656 元。

（4）辅机耗电费用。辅机主要包括鼓风机、引风机、循环水泵和电控柜等设备。辅机耗电费用 = 辅机总功率 × 电价 × 运行时间 = 40kW × 24h × 120 天 × 0.72 元/（kW·h）= 82944 元。

6.1.2.2　夏季分体式空调制冷

空调的 1 匹是指制冷量约为 2000 大卡，换算成国际单位约为 2324W，则 1.5 匹的制冷量约为 3486W。由于分体式空调的主要耗电量来自于压缩机的做功，室外温度变化以及室内温度设定等原因导致压缩机不是一直保持在 100% 做功的工况，所以考虑开机系数为 0.8。

面积为 8335m² 的 1h 冷负荷需求为 672kW，如果将现有制冷全部采用某知名公司 1.5 匹的分体机，则需要分体机约为 192 台。

分体空调耗电量 = 单台空调耗电量 × 台数 × 开机时间 × 开机系数 = 1.1 kW × 192 台 × 24h × 120 天 × 0.8 = 486604kW·h。

分体空调运行费用 = 486604kW·h × 0.72 元/（kW·h）= 350354 元。

6.1.2.3　成本费用

成本费用主要包括冬季供暖锅炉成本和夏季制冷空调成本，锅炉成本包括本体和附件成本。

（1）锅炉成本 = 单台锅炉报价 × 台数 = 252000 元/台 × 2 台 = 504000 元。

（2）某知名公司 1.5 匹变频空调（能效等级 3 级）市场价格 3598 元/台。如果全部选用该公司 1.5 匹变频空调，则 192 台空调的采购价格大约为：

空调成本 = 单台空调报价 × 台数 = 3598 元/台 × 192 台 = 690816 元。

（3）成本费用 = 锅炉成本 + 空调成本 = 504000 元 + 690816 元 = 1194816 元。

6.1.2.4 全年费用

全年费用 = 夏季运行费用 + 冬季运行费用 + 全年维修费用 + 运行人工工资费用

（1）全年维修费。变频空调系统由于工况稳定、自动化控制程度高、机组运行可靠、使用寿命长等特点，可大大降低维护维修费用，年 103622 元（按单台空调价格 15% 估算）以内即可完全满足。

参考锅炉房的维修费用统计资料，2 台 4t 锅炉维修费用约为 20000 元，用于管网的维修费用约为 10000 元，两项合计为 30000 元。

（2）运行人工工资费用。变频空调系统性能的优越性决定了对操作管理人员用量少的特点，可大幅度减少运行工作人员的配置。依据经验，运行配置 4 人即可，在岗职工平均工资 29075 元，人工工资费用年约 116300 元。

锅炉房日常运行工人数为 4 人，在岗职工平均工资 29075 元，人工工资费用年约 116300 元。

全年费用 = 夏季运行费用 + 冬季运行费用 + 全年维修费用 + 运行人工工资费用 = 350354 元 + 2694600 元 + 133622 元 + 232600 元 = 3411176 元。

6.1.3 燃气锅炉 + 分体式空调

6.1.3.1 冬季燃气锅炉供暖

燃料名称：天然气。

（1）燃料工作基成分。干成分：$CH_4 = 75.23\%$；$C_2H_6 = 10.53\%$；$C_3H_8 = 5.39\%$；$C_4H_{10} = 2.77\%$；$C_5H_{12} = 1.51\%$；$CO_2 = 2.76\%$；$N_2 = 1.81\%$。

燃料温度取 25℃，则水蒸气含量 $W_y = 3.13\%$。

湿成分：$CH_4 = 72.88\%$；$C_2H_6 = 10.21\%$；$C_3H_8 = 5.22\%$；$C_4H_{10} = 2.68\%$；$C_5H_{12} = 1.46\%$；$CO_2 = 2.67\%$；$N_2 = 1.75\%$。

（2）燃料高位发热量：$Q_g = 45.35 MJ/m^3$。

表 6-5 给出了燃气锅炉主要参数情况。

表 6-5　燃气锅炉主要参数汇总

序号	名　称	单位	符号	数值
1	理论空气量	m^3/m^3	V_k^0	11.26
2	实际空气需要量	m^3/m^3	V_k	12.945
3	气体燃料干烟气量	m^3/m^3	V_g	11.85

序号	名　称	单位	符号	数值
4	理论烟气生成量	m^3/m^3	V_y^0	12.39
5	单位时间所需要的燃气量	m^3/h	B_1	190
6	循环水泵数量	台	n	1
7	烟气中水蒸气的含量	kg/m^3	S	2.06

（3）燃气费用。4t 燃气锅炉 1h 需要的燃气量为 $190m^3/h$，整个采暖季 120 天需要天然气量为 $190 \times 24 \times 120 = 547200m^3$。唐山市工业用天然气最新价格为 3.23 元/$m^3$，则整个采暖季燃气费用为 $547200m^3 \times 3.23$ 元/m^3 = 1767456 元。

（4）辅机耗电费用。辅机主要包括鼓风机、引风机、循环水泵和电控柜等设备。辅机耗电费用 = 辅机总功率 × 电价 × 运行时间 = 40kW × 24h × 120 天 × 0.72 元/(kW · h) = 82944 元。

6.1.3.2　夏季分体式空调制冷

空调的 1 匹是指制冷量约为 2000 大卡，换算成国际单位约为 2324W，则 1.5 匹的制冷量约为 3486W。由于分体式空调的主要耗电量来自于压缩机的做功，室外温度变化以及室内温度设定等原因导致压缩机不是一直保持在 100% 做功的工况，所以考虑开机系数为 0.8。

面积为 $8335m^2$ 的 1h 冷负荷需求为 672kW，如果将现有制冷全部采用某知名公司 1.5 匹的分体机，则需要分体机约为 192 台。

分体空调耗电量 = 单台空调耗电量 × 台数 × 开机时间 × 开机系数 = 1.1 kW × 192 台 × 24h × 120 天 × 0.8 = 486604kW · h。

分体空调运行费用 = 486604kW · h × 0.72 元/(kW · h) = 350354 元。

6.1.3.3　成本费用

成本费用主要包括冬季供暖锅炉成本和夏季制冷空调成本，锅炉成本包括本体和附件成本。

（1）锅炉成本 = 单台锅炉报价 × 台数 = 282000 元/台 × 2 台 = 564000 元。

（2）某知名公司 1.5 匹变频空调（能效等级 3 级）市场价格 3598 元/台。如果全部选用该公司 1.5 匹变频空调，则 192 台空调的采购价格大约为：空调成本 = 单台空调报价 × 台数 = 3598 元/台 × 192 台 = 690816 元。

（3）成本费用 = 锅炉成本 + 空调成本 = 564000 元 + 690816 元 = 1254816 元。

6.1.3.4　全年费用

全年费用 = 夏季运行费用 + 冬季运行费用 + 全年维修费用 + 运行人工工资费用。

（1）全年维修费用。变频空调系统由于工况稳定、自动化控制程度高、机组运行可靠、使用寿命长等特点，可大大降低维护维修费用，年 103622 元（按单台空调价格 15% 估算）以内即可完全满足。

参考锅炉房的维修费用统计资料，2 台 4t 锅炉维修费用约为 20000 元，用于管网的维修费用约为 10000 元，两项合计为 30000 元。

（2）运行人工工资费用。变频空调系统性能的优越性决定了对操作管理人员用量少的特点，可大幅度减少运行工作人员的配置。依据经验，运行配置 4 人即可，在岗职工平均工资 29075 元，人工工资费用年约 116300 元。

锅炉房日常运行工人数为 4 人，在岗职工平均工资 29075 元，人工工资费用年约 116300 元。

全年费用 = 夏季运行费用 + 冬季运行费用 + 全年维修费用 + 运行人工工资用 = 350354 元 + 1850400 元 + 133622 元 + 232600 元 = 2566976 元。

6.2　城市集中供热 + 分体式空调

6.2.1　冬季城市集中供热

按照总供暖面积是 $8335m^2$，目前城市热力费用为 34.3 元/m^2，运行费用为 285890 元。

6.2.2　夏季分体式空调制冷

空调的 1 匹是指制冷量约为 2000 大卡，换算成国际单位约为 2324W，则 1.5 匹的制冷量约为 3486W。由于分体式空调的主要耗电量来自于压缩机的做功，室外温度变化以及室内温度设定等原因导致压缩机不是一直保持在 100% 做功的工况，所以考虑开机系数为 0.8。

面积为 $8335m^2$ 的 1h 冷负荷需求为 672kW，如果将现有制冷全部采用某知名公司 1.5 匹的分体机，则需要分体机约为 192 台。

分体空调耗电量 = 单台空调耗电量 × 台数 × 开机时间 × 开机系数 = 1.1 kW × 192 台 × 24h × 120 天 × 0.8 = 486604kW·h。

分体空调运行费用 = 486604kW·h × 0.72 元/（kW·h）= 350354 元。

6.2.3　成本费用

成本费用主要夏季制冷空调成本。

1.5 匹变频空调（能效等级 3 级）市场价格 3598 元/台。如果全部选用某知名公司 1.5 匹变频空调，则 192 台空调的采购价格大约为：

空调成本 = 单台空调报价 × 台数 = 3598 元/台 × 192 台 = 690816 元。

6.2.4　全年费用

全年费用 = 夏季运行费用 + 冬季运行费用 + 全年维修费用 + 运行人工工资费用

（1）全年维修费用。变频空调系统由于工况稳定、自动化控制程度高、机组运行可靠、使用寿命长等特点，可大大降低维护维修费用，年 103622 元（按单台空调价格 15% 估算）以内即可完全满足。

（2）运行人工工资费用。变频空调系统性能的优越性决定了对操作管理人员用量少的特点，可大幅度减少运行工作人员的配置。依据经验，运行配置 4 人即可，在岗职工平均工资 29075 元，人工工资费用年约 116300 元。

全年费用 = 夏季运行费用 + 冬季运行费用 + 全年维修费用 + 运行人工工资费用 = 350354 元 + 285890 元 + 103622 元 + 116300 元 = 856166 元。

6.3　热泵型分体式空调

6.3.1　制热工况

空调的 1 匹是指制冷量约为 2000 大卡，换算成国际单位约为 2324W，则 1.5 匹的制冷量约为 3486W。面积为 8335m² 的 1h 热负荷需求为 414kW，如果将现有制热全部采用某知名公司 1.5 匹的分体机，则需要分体机约为 94 台。

由于分体式空调的主要耗电量来自于压缩机的做功，室外温度变化以及室内温度设定等原因导致压缩机不是一直保持在 100% 做功的工况，所以考虑开机系数为 0.8。

热泵制热耗电量 = 单台热泵耗电量 × 台数 × 开机时间 × 开机系数 = 2.48 kW × 94 台 × 24h × 120 天 × 0.8 = 537108kW·h。

热泵制热运行费用 = 537108 kW·h × 0.72 元/(kW·h) = 386717 元。

6.3.2　制冷工况

空调的 1 匹是指制冷量约为 2000 大卡，换算成国际单位约为 2324W，则 1.5 匹的制冷量约为 3486W。由于分体式空调的主要耗电量来自于压缩机的做功，室外温度变化以及室内温度设定等原因导致压缩机不是一直保持在 100% 做功的工况，所以考虑开机系数为 0.8。

面积为 8335m² 的 1h 冷负荷需求为 672kW，如果将现有制冷全部采用某知名公司 1.5 匹的分体机，则需要分体机约为 192 台。

分体空调耗电量 = 单台空调耗电量 × 台数 × 开机时间 × 开机系数 = 1.1kW × 192 台 × 24h × 120 天 × 0.8 = 486604kW・h。

分体空调运行费用 = 486604kW・h × 0.72 元/(kW・h) = 350354 元。

6.3.3 成本费用

某知名公司 1.5 匹变频空调（能效等级 3 级）市场价格 3598 元/台。如果全部选用该公司 1.5 匹变频空调，则 192 台空调的采购价格大约为：空调成本 = 单台空调报价 × 台数 = 3598 元/台 × 192 台 = 690816 元。

6.3.4 全年费用

全年费用 = 夏季运行费用 + 冬季运行费用 + 全年维修费用 + 运行人工工资费用。

变频空调系统由于工况稳定、自动化控制程度高、机组运行可靠、使用寿命长等特点，可大大降低维护维修费用，年 103622 元（按单台空调价格 15% 估算）以内即可完全满足。

变频空调系统性能的优越性决定了对操作管理人员用量少的特点，可大幅度减少运行工作人员的配置。依据经验，运行配置 4 人即可，在岗职工平均工资 29075 元，人工工资费用年约 116300 元。

全年费用 = 夏季运行费用 + 冬季运行费用 + 全年维修费用 + 运行人工工资费用 = 350354 元 + 386717 元 + 103622 元 + 116300 元 = 956993 元。

6.4 中央空调系统

根据厂区冬季热负荷 414kW，夏季冷负荷 673kW 的要求，选用某知名公司中央空调 MB 系列模块机风冷冷热水机组六台，夏季需开启 6 台，冬季需开启 4 台。表 6-6 给出了中央空调技术参数。

表 6-6 某知名公司中央空调技术参数

型　号	制冷量/kW		机组输入功率/kW
MB	130	140	40
冷暖类型	杀菌功能	电源电压/V	室内机噪声
冷暖型	是	380V	50db
是否静音	外形尺寸/mm × mm × mm	制冷剂	机组总质量/kg
是	2410 × 1900 × 2240	R22	1800

水泵功率/kW	水泵流量/m³·h⁻¹	风机功率/kW	风机流量/m³·h⁻¹
5	22.3	3	6100

6.4.1　制热工况

由于室外温度变化以及室内温度设定等原因导致机组不是始终保持满负荷运行，为了更精确的计算出中央空调冷水机组[9]系统的运行费用，表 6 - 7 给出了单台中央空调运行费用。

表 6 - 7　单台中央空调运行费用

运行季节	设备名称	合计功率/kw	运行天数/d	每天运行时间/h	时间百分数/%	负荷百分数/%	耗电量/kW·h	总计/kW·h	平均电费/元·(kW·h)⁻¹	运行费用/元
夏季/冬季	冷水机组	40	120/120	24	10	90	10368	76896	0.72	55365
					75	75	64800			
					15	10	1728			
	水泵风机	8	120/120	24	10	90	2074	15380	0.72	11073
					75	75	12960			
					15	10	346			
合计								92276		66438

中央空调运行费用 = 单台空调运行费用 × 台数 = 66438 元 × 4 台 = 265752 元。

6.4.2　制冷工况

中央空调运行费用 = 单台空调运行费用 × 台数 = 66438 元 × 6 台 = 398628 元。

6.4.3　成本费用

中央空调成本 = 单台中央空调报价 × 台数 = 95600 元/台 × 6 台 = 573600 元。

6.4.4　全年费用

全年费用 = 夏季运行费用 + 冬季运行费用 + 全年维修费用 + 运行人工工资费用。

中央空调系统由于工况稳定、自动化控制程度高、机组运行可靠、使用寿命长等特点，可大大降低维护维修费用，年 60000 元（按单台空调价格 10% 估算）

以内即可完全满足。

中央空调系统性能的优越性决定了对操作管理人员用量少的特点，可大幅度减少运行工作人员的配置。依据经验，运行配置4人即可，在岗职工平均工资29075元，人工工资费用年约116300元。

全年费用＝夏季运行费用＋冬季运行费用＋全年维修费用＋运行人工工资费用＝398628元＋265752元＋60000元＋116300元＝840680元。

6.5 太阳能吸收式热泵系统

6.5.1 系统组成

吸收式热泵系统在回收余热方面具有很强的优越性[10~12]。本次设计的太阳能吸收式热泵系统主要包括吸收器、发生器、冷凝器、蒸发器、节流阀、太阳能集热器、水泵、供水系统和回水系统等设备，既可满足冬季供暖，又可实现夏季制冷。图6-1和图6-2分别给出了太阳能吸收式热泵系统原理和$T-s$图。

考虑到工矿企业有丰富的余热资源，本次设计考虑这一点。可以弥补连续阴雨天气太阳能集热器不能正常工作的不足。

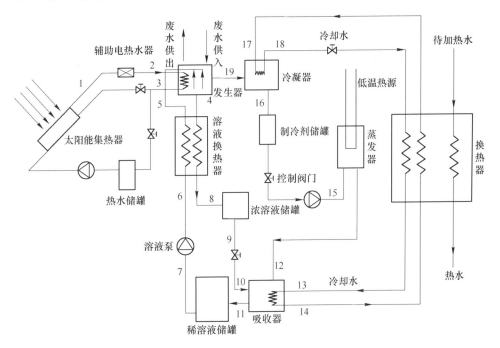

图6-1 太阳能吸收式热泵系统原理

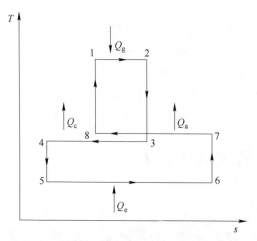

图 6 - 2 太阳能吸收式热泵系统 $T - s$ 图

6.5.2 热力学分析

6.5.2.1 系统能量方程

（1）发生器：

$$m_{19}h_{19} + m_4h_4 = m_5h_5 + Q_{gen} \tag{6-1}$$

$Q_{gen} = 0.0046 \times 2645 + 0.0454 \times 222.5 - 0.05 \times 159.3 = 14.3035kJ$

（2）吸收器：

$$m_{10}h_{10} + m_{12}h_{12} = m_{11}h_{11} + Q_{abs} \tag{6-2}$$

$Q_{abs} = 0.0454 \times 141 + 0.0046 \times 2503.1 - 0.05 \times 85.2409 = 13.653615kJ$

（3）蒸发器：

$$m_{12}h_{12} = m_{15}h_{15} + Q_{evop} \tag{6-3}$$

$Q_{evop} = 0.0046 \times 2503.1 - 0.0046 \times 168.2 = 10.77kJ$

（4）冷凝器：

$$m_{18}h_{18} + m_{16}h_{16} = m_{17}h_{17} + Q_{con} \tag{6-4}$$

$Q_{con} = 0.0046 \times 2645 - 0.0046 \times 160.2 = 11.39kJ$

6.5.2.2 系统性能系数

（1）制热性能系数：

$$COP = \frac{Q_{abs} + Q_{con}}{Q_{gen}} = 1.75 \tag{6-5}$$

（2）制冷性能系数：

$$COP = \frac{Q_{evop}}{Q_{gen}} = 0.72 \tag{6-6}$$

6.5.3 制热工况

已知设计热负荷为 414kW/h，吸收式热泵选用 LiBr – H_2O 制冷工质。单位质量的制冷剂冷凝器放热量为 227.8kJ，吸收器放热量为 273kJ，发生器吸收热量 286kJ，蒸发器吸热量 215.4kJ。因此，吸收式热泵质量流量为 $M = 0.8$kg/s。供暖选用某公司吸收式热泵机组，参数见表 6 – 8。

表 6 – 8　某公司吸收式热泵性能参数

名　称		单　位	0.5	1	2	4	6	8	10
制热量		kW	500	1000	2000	4000	6000	8000	10000
		(×10⁴) kcal/h	43	86	172	344	516	688	860
热水	进出口温度	℃	60 ~ 80						
	流量	m³/h	21.5	43	86	112	258	344	430
	压力损失	kPa	86	88	96	105	118	125	136
冷却水	进出口温度	℃	15 ~ 21						
	流量	m³/h	77.8	155.6	311.2	622.5	933.7	1245	1556.2
余热水	进出口温度	℃	55 ~ 60						
	流量	m³/h	181.5	363.4	727.3	1455.3	2183	2911	3639
接管口径	热水进出口 DN		65	100	125	150	200	250	300
	余热水进出口 DN		150	250	350	450	600	700	700
	冷却水进出口 DN		100	150	200	300	400	450	500

注：1kcal = 4.186kJ。

太阳能集热器[13~15]。输出有效功：

$$Q_{uc} = A \times I_s \times \eta_{sc} = C_w m_w \Delta t_w \qquad (6-7)$$

式中　Q_{uc}——太阳能集热器输出有效功，kJ；

A——太阳能集热器面积，m²，取 10m²；

I_s——太阳能照射强度，kJ/(m²·h)，唐山地区冬季取 1444.4kJ/(m²·h)；

η_{sc}——集热器效率，取 0.5；

Δt_w——取 15℃。

6.5.3.1 A 公司平板集热器

经计算，单台 A 公司平板集热器每小时热水出水量为 115kg。考虑吸收热泵发生器吸热量与太阳能集热器提供热量相等，方程如下：

$$MQ_{gen} = Q_{uc} = C_w m_w \Delta t_w \qquad (6-8)$$

0.8kg/s × 3600s × 286kJ/kg = 4.1868kJ/(kg·℃) × m_w × (50 − 35)℃，可算出总水量为 13t/h。需要太阳能集热器台数为 13000/115 = 113 台。太阳能集热器选用 A 公司平板集热器，其参数见表 6-9。

表 6-9　A 公司平板集热器参数

水泵功率/kW	水箱容量/L	集热器数量	集热面积/m²	净重/kg
0.093	500	5	10	150
额定工作压力/MPa	外壳材质	密封条材质	玻璃盖板材质	绝热材料
≤0.6	铝型材 6063/T5	三元一丙	超白布纹钢化玻璃	玻纤维
绝热材料厚度/mm	主流道规格/mm	支流道规格/mm	吸热板材质	集热器管口尺寸/mm
35	25×0.75	10×0.5	铜铝复合	25

考虑到太阳能集热器晚上不能正常工作，需要备用一份。备用太阳能集热器白天产生热水，储存在蓄热装置中，以供热泵机组晚上使用。因此，太阳能压缩式热泵系统所需集热器共计 301 台。

6.5.3.2　B 公司平板集热器

经计算，单台 B 公司平板集热器每小时热水出水量为 86.2kg。考虑吸收热泵发生器吸热量与太阳能集热器提供热量相等，方程如下：

$$MQ_{gen} = Q_{uc} = C_w m_w \Delta t_w \qquad (6-9)$$

0.8kg/s × 3600s × 286 kJ/kg = 4.1868 kJ/(kg·℃) × m_w × (50 − 35)℃，可算出总水量为 13t/h。需要太阳能集热器台数为 13000/86.2 = 150 台。太阳能集热器选用 B 公司平板集热器，其参数见表 6-10。

表 6-10　B 公司平板集热器参数

内胆材质	外皮材质	保温材料及厚度
SUS304-2B	镀铝锌	聚氨酯整体发泡，厚度45mm
外形尺寸/mm×mm×mm	真空管配置	集热面积/m²
2000×3070×100	管径58mm，长度1800mm，50 支/组	7.5
安装方式	水箱容量/L	水泵功率/W
卧式	300	100

考虑到太阳能集热器晚上不能正常工作，需要备用一份。备用太阳能集热器白天产生热水，储存在蓄热装置中，以供热泵机组晚上使用。因此，太阳能压缩式热泵系统所需集热器共计 400 台。

6.5.4 制冷工况

已知冷负荷为673kW，吸收式热泵工质1kg时冷凝器放热量为227.8kJ，发生器吸收热量为286kJ，蒸发器吸热量为215.4kJ。由此可得吸收式热泵质量流量为 $M = 3\text{kg/s}$。

太阳能集热器输出有效功：

$$Q_{uc} = A \times I_s \times \eta_{sc} = C_w m_w \Delta t_w \qquad (6-10)$$

式中 Q_{uc}——太阳能集热器输出有效功，kJ；

A——太阳能集热器面积，m^2，取 10 m^2；

I_s——太阳能照射强度，$\text{kJ/(m}^2 \cdot \text{h)}$，唐山地区夏季取 $2270.5\text{kJ/(m}^2 \cdot \text{h)}$；

η_{sc}——集热器效率，取0.5；

Δt_w——取40℃。

6.5.4.1 A公司平板集热器

经计算，单台四季沐歌平板集热器每小时热水出水量为67.8kg。考虑吸收热泵发生器吸热量与太阳能集热器提供热量相等，方程如下：

$$MQ_{gen} = Q_{uc} = C_w M_w \Delta t_w \qquad (6-11)$$

$3\text{kg/s} \times 3600\text{s} \times 286\text{kJ/kg} = 4.1868\text{kJ/(kg}\cdot\text{℃)} \times m_w \times (75-35)\text{℃}$，可算出总水量为18.4t/h。需要太阳能集热器台数为18400/67.8 = 271 台，选用A公司平板集热器。

考虑到太阳能集热器晚上不能正常工作，需要备用一份。备用太阳能集热器白天产生热水，储存在蓄热装置中，供热泵机组晚上使用。因此，太阳能吸收式热泵系统所需集热器共计500台。

6.5.4.2 B公司平板集热器

经计算，单台力诺瑞特平板集热器每小时热水出水量为50.8kg。考虑吸收热泵发生器吸热量与太阳能集热器提供热量相等，方程如下：

$$MQ_{gen} = Q_{uc} = C_w M_w \Delta t_w \qquad (6-12)$$

$3\text{kg/s} \times 3600\text{s} \times 286\text{ kJ/kg} = 4.1868\text{kJ/(kg}\cdot\text{℃)} \times m_w \times (75-35)\text{℃}$，可算出总水量为18.4t/h。需要太阳能集热器台数为18400/50.8 = 362 台。选用B公司平板集热器。

考虑到太阳能集热器晚上不能正常工作，需要备用一份。备用太阳能集热器白天产生热水，储存在蓄热装置中，供热泵机组晚上使用。因此，太阳能压缩式热泵系统所需集热器共计668台。

6.5.5 热泵机组用水量计算

夏季制冷，需要开启1台热泵机组，系统所需水量为 M_1：

$$M_1 = 673\text{kW} \times 3600\text{s} \div 4.1868\text{kJ/(kg} \cdot \text{℃)} \div 10\text{℃} = 57.9\text{m}^3/\text{h}$$

冬季供暖，需要开启 1 台热泵机组，系统需水量为 M_2：

$$M_2 = 414\text{kW} \times 3600\text{s} \div 4.1868\text{kJ/(kg} \cdot \text{℃)} \div 10\text{℃} = 35.6\text{m}^3/\text{h}$$

制冷选用某公司吸收式热泵机组，参数见表 6 – 11。

表 6 – 11　某公司吸收式热泵性能参数

名　称		35Z
制冷量	kW	350
	kJ/h	1.25×10^6
冷　水	进出口温度/℃	15 ~ 10
	压力降/Pa	78.45
	流量/m³·h⁻¹	60
	接管直径/mm	100
冷却水	进出口温度/℃	32 ~ 38
	压力降/Pa	107.87
	流量/m³·h⁻¹	120
	接管直径/mm	150
热　水	进出口温度/℃	95 ~ 85
	压力降/Pa	117.70
	耗量/t·h⁻¹	42.9
	接管直径/mm	80
电　气	电源	3 相，380VAC/50HZ
	总电流	14.1
	电功率	3.15
	溶液泵	2.0
	冷剂泵	0.4
	真空泵	0.75

6.6　太阳能吸收式热泵经济性

6.6.1　制热工况

冬季制热是将太阳能集热器产生的热量提供给热泵机组发生器，热泵机组把冷凝器和吸收器热量总和供入房间制热。

（1）热泵机组运行费用 = 吸收式热泵系统输入功率 × 24h × 冬季运行天数单

位电价×机组运转率×台数 = (2.0 + 0.4 + 0.75)kW×24h×120 天×0.72×0.7×1 = 4572 元。

（2）太阳能集热器水泵运行费用。

1）A 公司平板集热器水泵运行费用 = 水泵输入功率×9h×冬季运行天数×单位电价×集热器台数 = 0.093kW×9h×120 天×0.72 元/(kW·h)×301 台 = 21767 元。

2）B 公司平板集热器水泵运行费用 = 水泵输入功率×9h×冬季运行天数×单位电价×集热器台数 = 0.1kW×9h×120 天×0.72 元/(kW·h)×400 台 = 31104 元。

（3）循环水泵运行费用 = 水泵输入功率×24h×冬季运行天数×单位电价×台数 = 11kW×24h×120 天×0.72 元/(kW·h)×1 台 = 22810 元。

（4）天然气辅助加热运行费用 = 4.186kJ/(kg·℃)×13×10^3kg×(70 - 50)℃/41800kJ/m^3×2.93 元/m^3×24h×120 天 = 219713 元。

6.6.2 制冷工况

夏季制冷是利用系统蒸发器吸收房间热量进行制冷。

（1）热泵机组运行费用 = 吸收式热泵系统输入功率×24h×夏季运行天数×单位电价×机组运转率×台数 = (2.0 + 0.4 + 0.75)kW×24h×120 天×0.72 元/(kW·h)×0.7×2 台 = 9144 元。

（2）太阳能集热器水泵运行费用。

1）A 公司平板集热器水泵运行费用 = 水泵输入功率×13h×夏季运行天数×单位电价×集热器台数 = 0.093kW×13h×120 天×0.72 元/(kW·h)×500 台 = 52228 元。

2）B 公司平板集热器水泵运行费用 = 水泵输入功率×13h×夏季运行天数×单位电价×集热器台数 = 0.1kW×13h×120 天×0.72 元/(kW·h)×668 台 = 75029 元。

（3）循环水泵运行费用 = 水泵输入功率×24h×冬季运行天数×单位电价×台数 = 11kW×24h×120 天×0.72 元/(kW·h)×1 台 = 22810 元。

（4）天然气辅助加热运行费用 = 4.186kJ/(kg·℃)×18.4×10^3kg×(95 - 75)℃/41800kJ/m^3×2.93 元/m^3×24h×120 天 = 310978 元。

6.6.3 成本费用

吸收式热泵机组成本 = 150 万元×2 台 + 60 万元×2 台 = 420 万元。

太阳能集热器成本：

（1）A 公司平板集热器 = 单台集热器报价×集热器台数 = 25600 元/台×500

台 = 1280 万元。

（2）B 公司平板集热器 = 单台集热器报价 × 集热器台数 = 15000 元/台 × 668 台 = 1002 万元。

循环水泵成本 = 10000 元/台 × 2 台 = 20000 元。

6.6.4　全年费用

全年费用 = 夏季运行费用 + 冬季运行费用 + 全年维修费用 + 运行人工工资费用。

水源热泵机组具有工况稳定、自动化控制程度高、机组运行可靠、使用寿命长等特点，可大大降低维护维修费用，年 80000 元以内即可完全满足。太阳能集热器数量较多、系统复杂，维修费用约 100000 元。

太阳能吸收式热泵性能的优越性决定了对操作管理人员用量少的特点，可大幅度减少运行工作人员的配置。依据经验，运行配置 4 人即可，在岗职工平均工资 29075 元，人工工资费用年约 116300 元。

全年运行费用：

（1）采用 A 公司平板集热器的全年费用 = 夏季运行费用 + 冬季运行费用 + 全年维修费用 + 运行人工工资费用 = 395160 元 + 268862 元 + 180000 元 + 116300 元 = 960322 元。

（2）采用 B 公司平板集热器的全年费用 = 夏季运行费用 + 冬季运行费用 + 全年维修费用 + 运行人工工资费用 = 417961 元 + 278199 元 + 180000 元 + 116300 元 = 992460 元。

6.7　节能分析

6.7.1　设备初投资对比

几种用能方案的设备初投资的对比，如图 6 - 3 所示。由图可以看出，给定的 8 种用能方案中，中央空调初投资最小，太阳能吸收式热泵系统初投资最多，三种锅炉 + 分体式空调方案初投资相差不多。在太阳能吸收式热泵系统初投资中，集热器投资占太阳能热泵初投资的比例很大。选定的 A 公司太阳能平板集热器和 B 公司太阳能平板集热器方案，以吸收式热泵 + A 公司太阳能平板集热器系统初投资最多。三种锅炉初投资高于分体式空调和中央空调系统。在锅炉 + 分体式空调系统中，燃气锅炉 + 分体式空调系统初投资最多，燃煤锅炉 + 分体式空调系统初投资最少，燃油锅炉 + 分体式空调系统初投资介于两者之间。

集中供热 + 分体式空调系统和热泵型分体式空调系统初投资一样。中央空调初投资小于分体式空调系统。需要说明，小负荷下中央空调系统优势并不太显著。

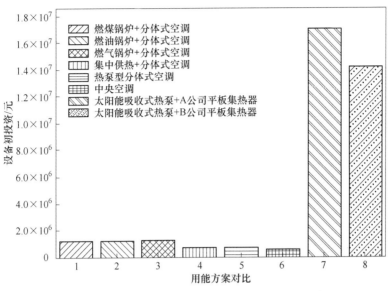

图6-3　几种用能方案的设备初投资对比

6.7.2　运行费用对比

图6-4给出了几种用能方案的运行费用的对比。给定的8种用能方案中,三种锅炉+分体式空调方案运行费用远远高于其他用能方案。其中,燃油锅炉+分体式空调系统运行费用最多,燃煤锅炉+分体式空调系统运行费用最

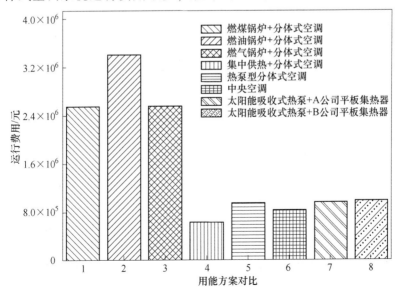

图6-4　几种用能方案的运行费用对比

低，燃气锅炉＋分体式空调系统介于两者之间。给定的太阳能热泵系统运行费用比较接近，吸收式热泵＋B公司太阳能平板集热器方案运行费用略高于吸收式热泵＋A公司太阳能平板集热器方案。选定几种用能方案中，集中供热＋分体式空调系统运行费用最低，中央空调系统运行费用略高于集中供热＋分体式空调系统。

6.7.3　使用寿命对比

图6-5给出了几种用能方案的使用寿命的对比。给定的8种用能方案中，三种锅炉＋分体式空调用能方案约为10年，集中供热＋分体式空调系统和热泵型分体式空调系统使用寿命约为12年，太阳能吸收式热泵系统使用寿命约为15年。

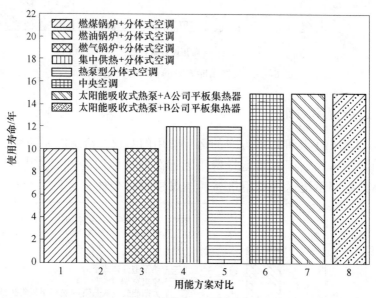

图6-5　几种用能方案的使用寿命对比

6.7.4　维护费用对比

几种用能方案的维护费用的对比，如图6-6所示。给定的8种用能方案中，锅炉＋分体式空调系统维护费用高于集中供热＋分体式空调系统和热泵型分体式空调系统。所有用能方案中，中央空调系统维护费用最低，太阳能吸收式热泵系统维护费用最高。其中，吸收式热泵＋A公司太阳能平板集热器方案维护费用与吸收式热泵＋B公司太阳能平板集热器方案维护费用相差不多。另外，太阳能集热器的数量和质量对系统稳定运行起到至关重要作用。

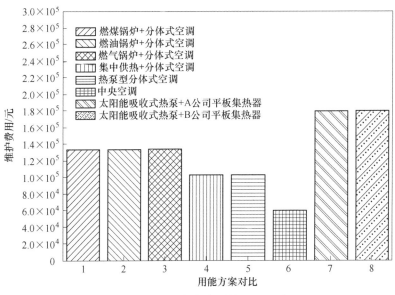

图 6-6 几种用能方案的维护费用对比

6.7.5 投资回收期对比

图 6-7 给出了几种用能方案的投资回收[16~19]情况对比。随着运行时间的延续，所有用能方案总费用均线性增加。第一年，太阳能吸收式热泵方案总费用最

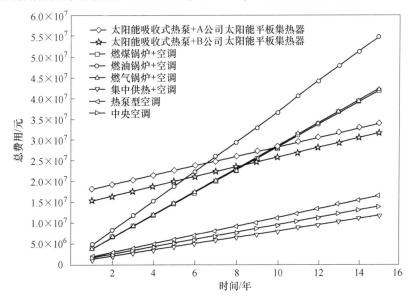

图 6-7 几种用能方案的投资回收对比

高，吸收式热泵 + A 公司太阳能平板集热器方案总费用略高于吸收式热泵 + B 公司太阳能平板集热器方案费用；集中供热 + 分体式空调系统、热泵型分体式空调系统和中央空调系统总费用最低且比较接近；三种锅炉 + 分体式空调系统总费用介于太阳能热泵系统和分体式空调系统之间。第七年时，太阳能吸收式热泵系统费用已经低于燃油锅炉 + 分体式空调系统总费用。第十年时，三种锅炉 + 分体式空调系统总费用已经超过两种太阳能吸收式热泵系统总费用。第十年之后，太阳能吸收式热泵方案优越性逐渐显示出来。

所有用能方案中，集中供热 + 分体式空调系统总费用和中央空调系统费用最低，太阳能热泵系统总费用初投资最高。随着运行周期增加，三种锅炉 + 分体式空调系统总费用显著增加，太阳能吸收式热泵系统效益逐渐明显。小负荷或制冷供暖面积较小，中央空调系统优越性比较明显，大负荷或制冷供暖面积较大，太阳能热泵系统优越性比较明显。

6.8　讨论与建议

6.8.1　锅炉供暖 + 分体式空调

锅炉供暖 + 分体式空调方案初投资较高，燃气锅炉和燃油锅炉投资要高于燃煤锅炉。从运行费用角度考虑，燃油燃气锅炉费用也要高于燃煤机组。从燃烧效率和环境保护考虑，燃油燃气锅炉效率要高于燃煤机组，污染物排放低于燃煤机组。对于工业锅炉或电站锅炉，机组装机容量越大，机组效率也越高，对于中小型容量锅炉，其热效率是比较低的。工业锅炉效率通常为 50% ~ 70%；低压工业锅炉的设计热效率一般在 70% ~ 90% 之间，一般实际运行热效率为 60% ~ 80%；电站锅炉效率大于 90%。对于用户负荷要求不大或供热面积较小，采用锅炉供暖 + 分体式空调方案不仅投资成本高、运行费用高和回收周期短，污染物排放也非常高。因而，无论从公司投资还是国家环保测评考虑，小机组容量锅炉不是最优方案，这也是现在取缔小锅炉供暖，推行集中供热方案的原因。

6.8.2　城市集中供热 + 分体式空调

在给定的几种用能方案中，城市集中供热 + 分体式空调方案无论从初投资还是运行费用角度考虑，都是属于能耗最低的方案，这对公司、企业等热用户是比较经济的。但实际上，这并不是最优用能方案。

集中供热的用能效率不高，这点是很多人意想不到的。大型锅炉在结构上可以做到尽量提高燃烧效率，锅炉的热效率高，这是事实。但是集中供热的管网损失，包括管路热损失和输送功率损失，是非常大的。管网越大，管路越长，损失越大。由于管路输送所产生的热量损失加输送泵功率损失，占锅炉制热量的

20% ~ 50% 。锅炉集中供热的前期成本也是比较大的。即使设计非常节能的现代化的集中供热，都要将煤炭运输到锅炉房，通过铁路、公路长途运输，装车、卸车，煤炭运输的成本越来越高。一吨煤在产地价格不过一二百元，到使用地就可能七八百元，甚至上千元。因为煤炭的能量包含在物质之中，煤炭还含有较多的灰分，这些无效的物质都被长途运输，燃烧后的灰分还得运输处理，无疑都增加了集中供热成本。

集中供暖一次性投资大、运行费用高，无论是否需要，暖气始终全天供应，因建筑物的远近和楼层不同还会造成温度不均，若遇到供暖温度偏低，居民就会投诉；若遇到供暖偏热，居民只有开窗降温，使宝贵的能源白白浪费。同时，集中供暖收费往往按面积收取，而不是按每户的能耗收取，当遇到有因各种理由拒绝缴费的用户，热量仍然可传入该户。

集中锅炉房比过去小炉灶或单位供暖的小锅炉的污染物排放有很大减轻，主要是粉尘少了，但并没有解决如二氧化硫和氮氧化物的污染，特别当需要进一步减少温室气体排放，也就是二氧化碳的排放时，更是无能为力。随着对环境污染治理进程的推进，我国实行污染总量的控制，集中锅炉会逐步限制使用规模，减小应用范围。

6.8.3 热泵型分体式空调

热泵是用电能将低品位的热能，如空气、地表水、土壤、地下水中的热能，提高温度向房间供热。热泵技术在理论上是最合理的供热方式，它用 1 份电能，回收利用 3 ~ 5 份的低温热能，比电加热提高了 3 ~ 5 倍的效率。

分体式空调有变频和定频之分，对应的机组性能也不尽相同。但与中央空调相比，大负荷需求时分体式空调初投资较高且机组效率较低。因而，在大面积制冷和制热工况下，无论从初投资、运行费用，还是操作管理，热泵型分体式空调均有一定的局限性。热泵型分体式空调在遇到冬天的低温或是夏天的高温就不能应用，尤其是空气源热泵，这是一个瓶颈。但是冬天的时候，中国大部分地区的气温比较低，甚至达到零下几十度，热泵只能在采暖季节开始之前或是采暖季节结束以后才用。

6.8.4 中央空调系统

在给定的几种用能方案中，中央空调系统无论从初投资还是运行费用角度考虑，都是属于能耗较低的方案。与分体式空调相比，中央空调的效果优于分体式空调，中央空调可采用变频技术提高机组性能。中央空调投资要比分体式空调低。另外，中央空调运行灵活、管理方便，且运行费用低于分体式空调，中央空调寿命较长。在较大制冷、制热负荷下，中央空调系统要比分体式空调方案优越。

6.8.5　太阳能吸收式热泵系统

在给定的几种用能方案中，太阳能吸收式热泵系统属于环保节能方案。吸收式热泵效率比较低，第一类吸收式热泵制热系数较高，一般也不超过 1.8；第二类吸收式热泵性能更低，通常在 0.4 ~ 0.5 之间。但是，吸收式热泵驱动热源为低品位余热，如太阳能、地热能或企业废热，从能源利用率角度考虑，吸收式热泵具有重要意义。无论从初投资还是运行费用角度考虑，太阳能吸收式热泵系统费用都比较高。另外，太阳能集热器对环境气候比较敏感，如阴雨天气、雾霭，晚上也不能使用。粉尘污染严重区域，太阳能集热器效果也比较差，同时也加重了维修任务和费用。综合比较各种用能方案，在光照强度丰富区域和冷热负荷要求较大工况下，太阳能吸收式热泵系统的优越性比较显著。该方案比较适合政府做示范性工程或节能推广产品宣传。

6.9　小结

基于选定的几种用能方案，分别从设备初投资、运行费用、使用寿命、维护费用和投资回收期等方面进行了对比分析。传统锅炉 + 分体式空调方案初投资小，但后续运行费用高，并且严重污染环境；太阳能吸收式热泵方案初投资大，但后续运行费用低，属于清洁用能模式，今后可能成为主要用能模式之一。本章最后也对太阳能热泵的缺点进行了阐述，如阴雨天气、雾霾和粉尘污染严重区域，太阳能热泵效果较差，甚至不能正常工作。

参 考 文 献

[1] 全国人大常委会法制工作委员会. 中华人民共和国节约能源法释义 [S]. 北京：法律出版社，2008.
[2] 严传俊，范玮. 燃烧学 [M]. 西安：西北工业大学出版社，2008.
[3] 车得福，庄正宁，李军，等. 锅炉 [M]. 西安：西安交通大学出版社，2008.
[4] 朱乐琪，张旭. 数码涡旋多联机空调系统开机率和负荷率与冬季制热能耗特性的关系探讨 [J]. 制冷空调与电力机械，2007，28 (1)：24 ~ 26.
[5] 王亮，卢军，罗轶麟. 校园综合建筑空调系统能耗 [J]. 暖通空调，2013 (12)：154 ~ 159.
[6] 范立娜，陶乐仁，杨丽辉. 变频转子式压缩机降低吸气干度对容积效率的影响 [J]. 上海理工大学学报，2014，36 (4)：312 ~ 316.
[7] 张均岩，张世万，李俊杰. 变频空调系统性能影响因素的研究 [J]. 电器，2013 (S1)：

258~261.

[8] 王健翁，文兵. 家用变频空调充注优化过程各参数的研究［J］. 制冷与空调，2012，26
（3）：285~289.

[9] 易新，刘宪英. 变频冷水机组在中央空调系统中的应用［J］. 重庆大学学报，2002，25
（8）：100~103.

[10] 刘利华. 基于太阳能的吸收压缩混合循环热泵系统研究［D］. 杭州：浙江大学，2013.

[11] James Muye, Dereje S Ayou, Rajagopal Saravanan, et al. Performance study of a solar absorp-
tion power－cooling system［J］. Applied Thermal Engineering, Available Online, 2015.

[12] Nattaporn Chaiyat, Tanongkiat Kiatsiriroat. Simulation and experimental study of solar－absorp-
tion heat transformer integrating with two－stage high temperature vapor compression heat pump
［J］. Case Studies in Thermal Engineering, 2014（4）：166~174.

[13] 旷玉辉，王如竹，许煜雄. 直膨式太阳能热泵供热水系统的性能研究［J］. 工程热物
理学报，2004，25（5）：737~740.

[14] 旷玉辉，王如竹，于立强. 太阳能热泵供热系统的实验研究［J］. 太阳能学报，2002，
23（4）：408~413.

[15] 旷玉辉，张开黎，于立强，等. 太阳能热泵系统（SAHP）的热力学分析［J］. 青岛：
青岛建筑工程学院学报，2001，22（4）：80~83.

[16] 李耿华，师红涛，李娟. 太阳能热泵供热系统的应用及经济性分析［J］. 山西建筑，
2010，36（25）：179~181.

[17] 韩宗伟，郑茂余，李忠建. 太阳能热泵供暖系统的热经济性分析［J］. 太阳能学报，
2008，29（10）：1242~1246.

[18] 杨婷婷，方贤德. 直膨式太阳能热泵热水器及其热经济性分析［J］. 可再生能源，
2008，26（4）：78~81.

[19] Ali Shirazi, Robert A Taylor, Stephen D White, et al. Transient simulation and parametric
study of solar－assisted heating and cooling absorption systems：An energetic, economic and
environmental（3E）assessment［J］. Renewable Energy, 2016（86）：955~971.

7 太阳能吸收式热泵模糊评判

7.1 模糊数学的基本知识

随着科学研究的不断深入，人们需要研究的关系越来越复杂，对系统的判别和推理的精确性要求也越来越高。为了精确地描述复杂的现实对象，各类型的数学分支不断地产生和发展起来。迄今为止，处理现实对象的数学模型可分为三大类[1]：一类是确定性数学模型。这类模型的背景对象具有确定性和固定性，对象间具有必然的关系。二类是随机性数学模型，这类模型的背景对象具有必然性或随机性。三类是模糊性数学模型，这类模型的背景对象及其关系具有模糊性。

模糊性是指存在于现实中的不分明现象，如"稳定"与"不稳定"、"健康"与"不健康"、"好"和"坏"之间找不到明确的边界。从差异的一方到另一方，中间经历了一个从量变到质变的连续过渡过程[2]。这是因排中率的破缺造成的不确定性。于是，作为研究模糊现象的定量处理方法模糊数学便出现了。

7.1.1 基本概念

7.1.1.1 模糊集

模糊集是一类边界模糊不清的集合，其定义如下[3]。

设在域 U 上给定了一个映射：

$$A:U \rightarrow [0,1] \qquad u \mid \rightarrow A(u) \qquad (7-1)$$

则称 A 为 U 上的模糊集，$A(u)$ 称为 A 的隶属函数（或称为 u 对 A 的隶属度）。

模糊集合 A 有各种不同的表示法。一般情形下，可以表示为：

$$A = \{(u,A(u)) \mid u \in U, 0 \leq A(u) \leq 1\} \qquad (7-2)$$

如果 U 是有限集或可数集，可表示为，

$$A = \sum A(u_i)/u_i \qquad (7-3)$$

或表示为向量：

$$A = (A(u_1), A(u_2), \cdots, A(u_n)) \qquad (7-4)$$

如果 U 是有限集或可数集，可表示为：

$$A = \int A(u)/u \qquad (7-5)$$

7.1.1.2　模糊矩阵

若 R 是 $X \times Y$ 上的一个模糊关系，其中：

$$X = \{x_1, x_2, \cdots, x_m\} \quad Y = \{y_1, y_2, \cdots, y_n\} \qquad (7-6)$$

是有限集合。那么：

$$\begin{bmatrix} u_R(x_1, y_1) & u_R(x_1, y_2) & \cdots & u_R(x_1, y_n) \\ u_R(x_2, y_1) & u_R(x_2, y_2) & \cdots & u_R(x_2, y_n) \\ \vdots & \vdots & \vdots & \vdots \\ u_R(x_m, y_1) & u_R(x_m, y_2) & \cdots & u_R(x_m, y_n) \end{bmatrix} \qquad (7-7)$$

是一个 $m \times n$ 的模糊矩阵，记为 $\boldsymbol{R}$。

当 $X = Y$ 时，$\boldsymbol{R}$ 是一个 $m \times m$ 的模糊矩阵，记模糊矩阵为，

$$\boldsymbol{R} = \begin{bmatrix} r_{ij} \end{bmatrix} \quad (0 \leqslant r_{ij} \leqslant 1 \, \forall i, j) \qquad (7-8)$$

7.1.2　模糊评价模型的选择及评价步骤

模糊综合评判[4]的一般表达式为：

$$\boldsymbol{B} = \boldsymbol{A} \cdot \boldsymbol{R} \qquad (7-9)$$

应用模糊综合评价时，根据评价对象的复杂程度分为一级评价和多级评价。因此，模糊评判的数学模型有两种：一级模型和多级模型。

（1）一级模型。一级模糊评价是多级评价的基础，步骤如下：

1）建立评判对象因素集 $U = \{u_1, u_2, \cdots, u_m\}$，设与被评判对象相关的因素有 m 个。因素指评价对象的各种属性和性能，有时也称参数指标或质量指标。

2）建立评语集 $V = \{v_1, v_2, \cdots, v_n\}$，设所有可能出现的评语有 n 个。

3）找出单因素评判矩阵 $\boldsymbol{R}$：$U \times V \rightarrow [0, 1]$，$r_{ij} = \boldsymbol{R}(u_i, v_j)$。

4）综合评判。对于权重 $A = (a_1, a_2, \cdots, a_n)$，可取不同算子进行运算，最后得综合评判 $\boldsymbol{B} = \boldsymbol{A} \cdot \boldsymbol{R}$。

（2）多级模型。建立多级模型的目的是能在较小的范围内可方便地确定较少量因素的相对重要性。建立多级模型的原理一样，下面以常见的二级模型为例说明其建立步骤：

1）将因素集 $U = \{u_1, u_2, \cdots, u_m\}$ 进行分解，根据 U 中各因素间的关系将 U 分成 p 份，设第 i 个子集 $U_i = \{u_1, u_2, \cdots, u_{inj}\}(i = 1, 2, \cdots p)$，则 $\bigcup\limits_{i=1}^{p} U_i = U$，且 $\sum\limits_{i=1}^{p} n_i = n$。

2）利用一级模型分别进行综合评判，即对每一个 U_i 都按照上述模型进行综合评判得：$\boldsymbol{B}_i = \boldsymbol{A}_i \cdot \boldsymbol{R}_i (i = 1, 2, \cdots, p)$。式中，$\boldsymbol{A}_i$ 为 U_i 上的 $1 \times n_i$ 阶权向量；

R_i 为对 U_i 的 $n_i \times m$ 阶单因素评判矩阵；B_i 为 U_i 的 $1 \times m$ 阶一级综合评判结果矩阵。

3）多级综合评判。设关于 U_1，U_2，$\cdots$，U_p 的权重分配为 $A = (a_1, a_2, \cdots, a_p)$，得到二级综合评判结果：

$$R = \begin{bmatrix} B_1 \\ B_2 \\ \vdots \\ B_p \end{bmatrix} = \begin{bmatrix} A_1 \cdot R_1 \\ A_2 \cdot R_2 \\ \vdots \\ A_p \cdot R_p \end{bmatrix} \qquad (7-10)$$

7.2　太阳能吸收式热泵系统模糊评判

7.2.1　模糊评判指标量化

对于难以用数量描述的定性目标，不同方案之间优劣对比选取各不相同[5,6]。本小节选用四个等级评判标准："差"、"一般"、"较好"和"好"。一般而言，模糊概念量化时，必须在指定的定义域内进行。对于目标 i，用 $0 \sim 1$ 之间的一个数字来表示目标的"好"与"坏"程度。当然，这里的"好"与"坏"不是绝对值，而是相对值。因此，可以将"好"的隶属度赋予一个较大的值（$0 \sim 1$ 之间），将"差"的隶属度赋予一个较小的值（$0 \sim 1$ 之间）。本小节中，将"好"的隶属度设置为 0.85，"较好"的隶属度设置为 0.75，"一般"的隶属度设置为 0.65，"差"的隶属度设置为 0.35。

太阳能吸收式热泵系统分析包括设备初投资、年运行费用、年维护费用以及设备寿命等经济性方面，同时也包括环保指数、安全指数和安装地点等社会性方面。基于前面章节计算，表 7-1 给出了几种用能方案经济性和社会性等指标对比。

对于本小节确定的四个等级评判标准，设置如下：

（1）环保指数隶属度划分依据。污染不节能隶属度属于"差"，环保不节能隶属度属于"一般"，环保节能隶属度属于"较好"，高效环保节能隶属度属于"好"。

（2）安全指数隶属度划分依据。危险隶属度属于"差"，较危险隶属度属于"一般"，相对安全隶属度属于"较好"，安全隶属度属于"好"。

（3）安装地点隶属度划分依据。安装受限制隶属度属于"差"，安装较受限制隶属度属于"一般"，安装不限制隶属度属于"好"。

（4）使用效果隶属度划分依据。冬、夏季温度调节麻烦隶属度属于"差"，夏季温度调节较麻烦隶属度属于"一般"，智能控温，调节灵活隶属度属于"好"。

表 7-1 几种用能方案经济性和社会性指标对比

明细	冷负荷	672kW		热负荷		414kW		
	锅炉			空调			太阳能吸收式热泵	
系统形式	燃煤锅炉+分体式空调	燃油锅炉+分体式空调	燃气锅炉+分体式空调	集中供热+分体式空调	热泵型分体式空调	中央空调	吸收式热泵+A公司太阳能集热器	吸收式热泵+B公司太阳能集热器
能源种类	煤	柴油	天然气	电	空气+电	空气+电	太阳能+电	太阳能+电
初投资费用/元	1186816	1194816	1254816	690816	690816	573600	17020000	14240000
年运行费用/元	2556736	3411176	2566976	636244	956993	840680	960322	992460
年维护费用/元	133622	133622	133622	103622	103622	60000	180000	180000
设备寿命/年	10	10	10	12	12	15	15	15
环保指数	污染不节能	污染不节能	污染不节能	环保不节能	环保不节能	环保节能	高效环保节能	高效环保节能
安全指数	较危险	危险	危险	安全	相对安全	相对安全	安全	安全
安装地点	安装受限制	安装受限制	安装受限制	安装不限制	安装不限制	安装不限制	安装较受限制	安装较受限制
使用效果	冬、夏季温度调节麻烦	冬、夏季温度调节麻烦	冬、夏季温度调节麻烦	夏季温度调节较麻烦	冬、夏季温度调节麻烦	智能控温，调节灵活	智能控温，调节灵活	智能控温，调节灵活

7.2.2 权重向量的确定

因素权重集[7,8]记为 $A = \{a_1, a_2, a_3, a_4\}$。式中，$A$ 为 U 上的模糊子集。同理，子因素权重集记为 $A_i = \{a_{i1}, a_{i2}, \cdots, a_{im_i}\}$ （$i = 1, 2, 3, 4$）。式中，A_i 为 u_i 上的模糊子集。

A =（初投资费用，年运行费用，年维护费用，设备寿命，环保指数，安全指数，安装地点，使用效果）=（0.35，0.13，0.13，0.07，0.15，0.07，0.05，0.05）。

7.2.3 隶属度及模糊评判矩阵的确定

7.2.3.1 定量目标隶属度的确定

锅炉、中央空调和吸收式热泵等用能方案选优具有相对性，我们取决策集中

定量目标 i 的最大值 $\text{Max}(x_{ij})$ 和最小值 $\text{Min}(x_{ij})$ 作为该评判目标隶属度的上下界限，具体的隶属度计算公式如下。

（1）对于数值越大、越优的目标：

$$r_{ij} = \frac{x_{ij}}{\max(x_{ij})} \tag{7-11}$$

（2）对于数值越小、越优的目标：

$$r_{ij} = \frac{\min(x_{ij})}{x_{ij}} \tag{7-12}$$

式中，x_{ij} 代表太阳能热泵系统方案中方案 j 的第 i 个评判目标的向量值。

由表 7-1，利用式（7-11）和式（7-12），所以有：

（1）初投资费用应该是越低越好。故初投资费用模糊子集应该是（0.48，0.48，0.46，0.83，0.83，1.00，0.03，0.04）。

（2）年运行费用应该是越低越好。年运行费用模糊子集（0.25，0.19，0.25，1.00，0.66，0.76，0.66，0.64）。

（3）年维护费用应该是越低越好。年维护费用模糊子集（0.45，0.45，0.45，0.58，0.58，1.00，0.33，0.33）。

（4）系统使用寿命应该是越长越好。系统使用寿命模糊子集为（0.67，0.67，0.67，0.80，0.80，1.00，1.00，1.00）。

（5）环保指数越高越好。环保指数模糊子集为（0.35，0.35，0.35，0.65，0.65，0.75，0.85，0.85）。

（6）安全指数越高越好。安全指数模糊子集为（0.65，0.35，0.35，0.85，0.75，0.75，0.85，0.85）。

（7）安装地点越小：不受限制越好。安装地点模糊子集为（0.35，0.35，0.35，0.85，0.85，0.85，0.65，0.65）。

（8）使用效果智能型越高，调节越灵活越好。使用效果模糊子集为（0.35，0.35，0.35，0.65，0.35，0.85，0.85，0.85）。

7.2.3.2　模糊评判矩阵的确定

包括太阳能吸收式热泵系统在内的多种用能方案系统模糊评判矩阵 $\boldsymbol{R}$ 为：

$$\boldsymbol{R} = \begin{bmatrix} 0.48 & 0.48 & 0.46 & 0.83 & 0.83 & 1.00 & 0.03 & 0.04 \\ 0.25 & 0.19 & 0.25 & 1.00 & 0.66 & 0.76 & 0.66 & 0.64 \\ 0.45 & 0.45 & 0.45 & 0.58 & 0.58 & 1.00 & 0.33 & 0.33 \\ 0.67 & 0.67 & 0.67 & 0.80 & 0.80 & 1.00 & 1.00 & 1.00 \\ 0.35 & 0.35 & 0.35 & 0.65 & 0.65 & 0.75 & 0.85 & 0.85 \\ 0.65 & 0.35 & 0.35 & 0.85 & 0.75 & 0.75 & 0.85 & 0.85 \\ 0.35 & 0.35 & 0.35 & 0.85 & 0.85 & 0.85 & 0.65 & 0.65 \\ 0.35 & 0.35 & 0.35 & 0.65 & 0.35 & 0.85 & 0.85 & 0.85 \end{bmatrix}$$

$A = (0.35, 0.13, 0.13, 0.07, 0.15, 0.07, 0.05, 0.05)$

$B = A \cdot R = [0.4389, 0.4101, 0.4109, 0.7839, 0.7177, 0.8988, 0.4712,$
$0.4721]$

图 7-1 给出了 Matlab 软件[9]输出结果。上述计算表明：

（1）燃煤锅炉 + 分体式空调方案的评判因子为 0.4389；

（2）燃油锅炉 + 分体式空调方案的评判因子为 0.4101；

（3）燃气锅炉 + 分体式空调方案的评判因子为 0.4109；

（4）城市集中供热 + 分体式空调方案的评判因子为 0.7839；

（5）热泵型空调冬季供暖 + 夏季制冷方案的评判因子为 0.7177；

（6）集中式中央空调系统方案的评判因子为 0.8988；

（7）太阳能吸收式热泵（A 公司集热器）方案的评判因子为 0.4712；

（8）太阳能吸收式热泵（B 公司集热器）方案的评判因子为 0.4721。

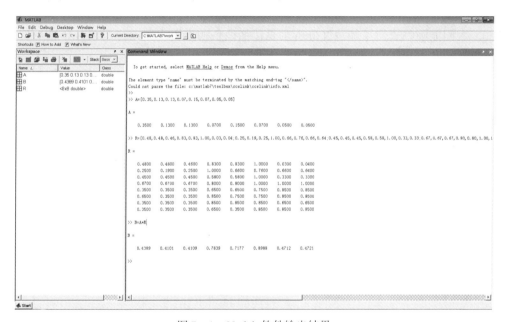

图 7-1　Matlab 软件输出结果

　　分析数据可知，集中式中央空调系统方案的评判因子最大，数值为 0.8988，是所有方案中的最优方案；城市集中供热 + 分体式空调方案的评判因子为 0.7839，排名第二；热泵型空调冬季供暖 + 夏季制冷方案的评判因子为 0.7177，排名第三。当热负荷或冷负荷较小时，集中式中央空调节能效果要比分体式空调或热泵节能显著。主要原因是热泵属于节能设备，机组功率越小，热泵性能越低。另外，虽然城市集中供热 + 分体式空调方案的评判因子比较高，但其并不是较优方案，因为集中供热系统的效率是很低的，这往往被忽视，这一点在前面章节有详细分析，这里不再赘述。

无论是燃煤锅炉＋分体式空调方案、燃气锅炉＋分体式空调方案，还是燃油锅炉＋分体式空调方案，系统评判因子都比较低。一方面，大型锅炉在结构上可以做到尽量提高燃烧效率，锅炉的热效率高，这是事实。但是供热的管网损失，包括管路热损失和输送功率损失是非常大的，管网越大，管路越长，损失越大。另一方面，无论何种燃料形式的锅炉，在减少污染物排放方面都有很大的局限性，尤其对小颗粒污染物的控制更是困难。

太阳能吸收式热泵方案评判因子也不高。究其原因，该方案初投资比较高。另外，太阳能集热器对环境气候比较敏感，如阴雨天气、雾霭，晚上也不能使用。粉尘污染严重区域，太阳能集热器效果也比较差，同时也加重了维修任务和费用。

7.3　太阳能吸收式热泵经济性模糊评判

太阳能吸收式热泵经济性分析主要包括设备初投资、年运行费用、年维护费用以及设备寿命等方面，具体数值见表7－2。

表7－2　太阳能吸收式热泵评价指标及处理结果

第1级		第2级						
因素	权重	子因素	权重	隶属度				
				低	较低	较高	高	很高
设备初投资	0.45	太阳能集热器	0.30	0.1	0.1	0.2	0.4	0.2
		储热水箱	0.05	0.2	0.3	0.4	0.1	0.0
		发生器	0.08	0.1	0.1	0.4	0.3	0.1
		冷凝器	0.05	0.2	0.3	0.3	0.2	0.0
		节流装置	0.02	0.4	0.4	0.2	0.0	0.0
		蒸发器	0.05	0.2	0.3	0.3	0.2	0.0
		吸收器	0.05	0.1	0.1	0.4	0.3	0.1
		制冷剂	0.05	0.3	0.4	0.1	0.1	0.1
		吸收剂	0.05	0.2	0.3	0.3	0.1	0.1
		仪表管路	0.06	0.2	0.3	0.2	0.1	0.1
		循环水泵	0.05	0.2	0.3	0.3	0.1	0.1
		溶液泵	0.08	0.2	0.3	0.3	0.1	0.1
		系统加工	0.08	0.2	0.3	0.3	0.1	0.1
年运行费用	0.30	太阳能集热器	0.40	0.2	0.2	0.3	0.2	0.1
		溶液泵	0.20	0.1	0.2	0.4	0.2	0.1

第1级		第2级						
因素	权重	子因素	权重	隶属度				
				低	较低	较高	高	很高
年运行费用	0.30	循环水泵	0.20	0.1	0.3	0.5	0.1	0.0
		管理人员工资	0.15	0.1	0.3	0.3	0.3	0.0
		其他	0.05	0.5	0.3	0.1	0.1	0.0
年维护费用	0.15	太阳能集热器	0.30	0.1	0.2	0.1	0.3	0.3
		储热水箱	0.10	0.2	0.3	0.2	0.2	0.1
		发生器	0.08	0.2	0.2	0.4	0.1	0.1
		吸收器	0.08	0.2	0.2	0.3	0.1	0.1
		换热器	0.04	0.2	0.2	0.4	0.1	0.1
		仪表管路	0.10	0.2	0.2	0.3	0.3	0.1
		溶液泵	0.15	0.1	0.2	0.4	0.2	0.1
		循环水泵	0.15	0.1	0.4	0.4	0.1	0.0
设备寿命	0.10	太阳能集热器	0.40	0.1	0.2	0.4	0.2	0.1
		储热水箱	0.05	0.1	0.2	0.4	0.1	0.2
		发生器	0.08	0.1	0.1	0.3	0.3	0.2
		吸收器	0.08	0.1	0.1	0.3	0.3	0.2
		换热器	0.10	0.1	0.3	0.3	0.2	0.1
		仪表管路	0.09	0.1	0.2	0.3	0.3	0.1
		溶液泵	0.10	0.1	0.2	0.3	0.3	0.1
		循环水泵	0.10	0.1	0.1	0.4	0.2	0.2

7.3.1 评价指标体系

目前，我国关于太阳能供热采暖技术日益规范[10]，如《太阳能供热采暖工程技术规范》（GB 50495—2009），并逐年对该标准进行修订。太阳能供热采暖系统中的太阳能集热器的性能应符合现行国家标准《平板型太阳能集热器》（GB/T 6424—2007）[11]和《真空管型太阳能集热器》（GB/T 17581—2007）[12]的规定。依据现有规范和标准，结合太阳能吸收式热泵特点和运行情况，运用模糊数学方法，从设备初投资、年运行费用、年维护费用和设备寿命等四方面对唐山市某公司太阳能吸收式热泵进行定性评价，见表7-2。

7.3.2 模糊综合评判方法

模糊综合评判方法[13~15]是运用模糊数学原理分析和评价具有"模糊性"事

物的系统分析方法，是在综合考虑判证对象的各项经济技术指标，兼顾评判对象各种特性、各方面因素的基础上，将各项指标进行量化处理，并根据不同指标对评判对象影响程度的大小而分配以适当的权系数，从而对各评判对象给出一个定量的综合评价指标，通过对综合评价指标的比较选出最佳方案。

　　太阳能吸收式热泵运行安全与否、投资高与低均是相对模糊概念，因此可以采用模糊综合评判方法对其评价。当影响事物因素较多又有很强的不确定性和模糊性时，采用模糊综合评判方法进行量化分析具有明显的优越性。隶属函数是模糊综合评判方法的关键之一，是一种对不能精确定量表述的事物现象、规律及进程的模糊陈述的表达式，由此确定的隶属度是对模糊概念贴近程度的度量。针对太阳能热泵经济性评价中所考虑的几个影响因素，依据隶属函数构造方法及原则[14~17]，取定本小节所需要的隶属函数。

7.3.3　因素集和等级集的确定

　　模糊综合评判的因素集为设备初投资、年运行费用、年维护费用和设备寿命，表示为 $U = \{U_1,\ U_2,\ U_3,\ U_4\}$。

　　每一因素下的子因素表示为 $U_i = \{u_{i1},\ u_{i2},\ \cdots,\ u_{ij},\ \cdots,\ u_{im_i}\}$（$i = 1,\ 2,\ 3,\ 4$）。式中，$u_{ij}$ 为第 i 因素中 j 子因素；m_i 为 i 因素中子因素数量。

　　根据实际情况并参考国内外相关标准，本小节等级分为低、较低、较高、高、很高五个级别，向量表示为：$V = \{v_1,\ v_2,\ v_3,\ v_4,\ v_5\}$。

7.3.4　因素和子因素权重系数的确定

　　当研究的是二阶模糊综合评判时，权重系数包括因素权重系数和子因素权重系数。

　　因素权重系数反映各因素间的内在关系，体现了各因素在因素集中的重要程度。因素权重系数的确定一般有 3 种方法，即尔特菲法（也称专家评议法）、专家调查法和判断矩阵分析法[16,17]。专家调查法通过匿名方式进行多次函询，具体做法：给专家们第一轮权重调查表，专家将个人评判表填好寄回后进行统计处理。一般要计算每一指标数的平均估计值及每位专家的个人估计值与平均估计值的离差。第 1 轮调查表统计出的结果，再反馈给被调查的专家，进行第 2 次咨询。如果咨询的结果比较集中，就可以定论；如果咨询的结果很离散，需要经过第 3 次、第 4 次咨询，直至各位专家的意见趋向一致或基本上趋向一致时，确定权重，再返回专家征求意见。因该种方法统计比较准确，与实际结果误差偏离小，本小节采用专家调查法。鉴于权重系数的模糊性特点，其确定必须在大量统计数据的基础之上完成，因此需要聘请足够数量的专家，相互独立的完成调查数据。因素权重向量记为 $A = \{a_1, a_2, a_3, a_4\}$。式中，$A$ 为 U 上的模糊子集，也即权重向量。同理，子因素权重向量为 $A_i = (a_{i1}, a_{i2}, \cdots, a_{im_i})$（$i = 1, 2, 3, 4$）。式中，$A_i$ 为 u_i 上的模糊子集，也即权重向量。

7.3.5 模糊统计试验

r_{ij} 表示子因素 u_{ij} 对于等级 V_k 的隶属度。隶属度的确定方法很多，如模糊统计法、三分法、模糊分布法和其他方法。本小节选用模糊统计法来确定隶属度 r_{ij}，即根据被调查专家针对子因素 u_{ij} 在等级 V_k 上的投票人数与被调查专家的总人数之比。对于每一子因素 u_i，统计结果可表示为：

$$R_i = \begin{bmatrix} R_{i1} \\ R_{i2} \\ \vdots \\ R_{im_i} \end{bmatrix} = \begin{bmatrix} r_{i11} & r_{i12} & r_{i13} & r_{i14} & r_{i15} \\ r_{i21} & r_{i22} & r_{i23} & r_{i24} & r_{i25} \\ \vdots & \vdots & \vdots & \vdots & \vdots \\ r_{im_i1} & r_{im_i2} & r_{im_i3} & r_{im_i4} & r_{im_i5} \end{bmatrix} \qquad (7-13)$$

式中，R_i 为 $[U_i \times V]$ 上的模糊矩阵，称为评判矩阵，上式的每一行都满足归一化条件，即 $\sum_{k=1}^{5} r_{ijk} = 1$。对于每一因素，均需要通过一次模糊统计试验来确定其评判矩阵 R_i。

7.3.6 模糊统计试验的模糊综合评判

采用二阶模糊综合评判时，需先求出一阶评判，再进行二阶评判。

7.3.6.1 一阶模糊综合评判

一阶评判 B_i 为：

$$B_i = A_i \cdot R_i = (b_{i1}, b_{i2}, b_{i3}, b_{i4}, b_{i5}) \qquad (7-14)$$

式中 b_{ik}——因素 u_i 对于等级 v_i 的隶属度，$b_{ik} = \sum_{j=1}^{m_i} a_{ij} \cdot r_{ijk}$；

B_i——V 上的模糊子集，也即评判向量。

则一阶模糊综合评判 C_i 为：

$$C_i = B_i \cdot V^T \qquad (7-15)$$

对于每个因素，一阶模糊综合判断矩阵 R 为：

$$R = \begin{bmatrix} B_1 \\ B_2 \\ B_3 \\ B_4 \end{bmatrix} = \begin{bmatrix} b_{11} & b_{12} & b_{13} & b_{14} & b_{15} \\ b_{21} & b_{22} & b_{23} & b_{24} & b_{25} \\ b_{31} & b_{32} & b_{33} & b_{34} & b_{35} \\ b_{41} & b_{42} & b_{43} & b_{44} & b_{45} \end{bmatrix} \qquad (7-16)$$

式中，R 为 $[U \times V]$ 上的模糊矩阵。

7.3.6.2　二阶模糊综合评判

二阶评判 $\boldsymbol{B}$ 为：

$$\boldsymbol{B} = \boldsymbol{A} \cdot \boldsymbol{R} = (b_1, b_2, b_3, b_4, b_5) \tag{7-17}$$

式中　b_k——评判对象，即因素集 U 对等级 v_k 的隶属度，$b_k = \sum_{i=1}^{5} a_i \cdot b_{ik}$；

　　　　$\boldsymbol{B}$——V 上的模糊子集，也就是系统性能模糊综合评判的结果向量。

7.3.7　综合评价结果

根据最大隶属度原则或变换 $C = \boldsymbol{B} \cdot \boldsymbol{V}^\mathrm{T}$，然后根据 C 值分析评价结果。

7.3.8　算例评判

为了对太阳能吸收式热泵经济性进行定量评价，本小节对上述太阳能吸收式热泵从设备初投资、年运行费用、年维护费用和设备寿命等四方面进行分析。通过对相关专家和工程设计人员的调查统计处理，确定本算例的权重系数及隶属度参数。分析如下：

$A_1 = (0.30, 0.05, 0.08, 0.05, 0.02, 0.05, 0.08, 0.05, 0.05, 0.06,$
$0.05, 0.08, 0.08)$

$A_2 = (0.40, 0.20, 0.20, 0.15, 0.05)$

$A_3 = (0.30, 0.10, 0.08, 0.08, 0.04, 0.10, 0.15, 0.15)$

$A_4 = (0.40, 0.05, 0.08, 0.08, 0.10, 0.09, 0.10, 0.10)$

$A = (0.45, 0.30, 0.15, 0.10)$

$$R_1 = \begin{bmatrix} 0.1 & 0.1 & 0.2 & 0.4 & 0.2 \\ 0.2 & 0.3 & 0.4 & 0.1 & 0.0 \\ 0.1 & 0.1 & 0.4 & 0.3 & 0.1 \\ 0.2 & 0.3 & 0.3 & 0.2 & 0.0 \\ 0.4 & 0.4 & 0.2 & 0.2 & 0.0 \\ 0.2 & 0.3 & 0.3 & 0.2 & 0.0 \\ 0.1 & 0.1 & 0.4 & 0.3 & 0.1 \\ 0.3 & 0.4 & 0.1 & 0.1 & 0.1 \\ 0.2 & 0.3 & 0.3 & 0.1 & 0.1 \\ 0.2 & 0.3 & 0.4 & 0.1 & 0.0 \\ 0.2 & 0.3 & 0.3 & 0.1 & 0.1 \\ 0.2 & 0.3 & 0.3 & 0.1 & 0.1 \\ 0.2 & 0.3 & 0.3 & 0.1 & 0.1 \end{bmatrix} \qquad R_2 = \begin{bmatrix} 0.2 & 0.2 & 0.3 & 0.2 & 0.1 \\ 0.1 & 0.2 & 0.4 & 0.2 & 0.1 \\ 0.1 & 0.3 & 0.5 & 0.1 & 0.0 \\ 0.1 & 0.3 & 0.3 & 0.3 & 0.0 \\ 0.5 & 0.3 & 0.1 & 0.1 & 0.0 \end{bmatrix}$$

$$R_3 = \begin{bmatrix} 0.1 & 0.2 & 0.1 & 0.3 & 0.3 \\ 0.2 & 0.3 & 0.2 & 0.2 & 0.1 \\ 0.2 & 0.2 & 0.4 & 0.1 & 0.1 \\ 0.2 & 0.2 & 0.3 & 0.1 & 0.2 \\ 0.2 & 0.2 & 0.4 & 0.1 & 0.1 \\ 0.2 & 0.2 & 0.2 & 0.3 & 0.1 \\ 0.1 & 0.2 & 0.4 & 0.2 & 0.1 \\ 0.1 & 0.4 & 0.4 & 0.1 & 0.0 \end{bmatrix} \qquad R_4 = \begin{bmatrix} 0.1 & 0.2 & 0.4 & 0.2 & 0.1 \\ 0.1 & 0.2 & 0.4 & 0.1 & 0.2 \\ 0.1 & 0.1 & 0.3 & 0.3 & 0.2 \\ 0.1 & 0.1 & 0.3 & 0.3 & 0.2 \\ 0.1 & 0.3 & 0.3 & 0.2 & 0.1 \\ 0.1 & 0.2 & 0.3 & 0.3 & 0.1 \\ 0.1 & 0.1 & 0.4 & 0.2 & 0.2 \end{bmatrix}$$

一阶模糊综合判断为：

$B_1 = A_1 \cdot R_1 = (0.1630, 0.2150, 0.2850, 0.2300, 0.1070)$

$B_2 = A_2 \cdot R_2 = (0.1600, 0.2400, 0.3500, 0.1900, 0.0600)$

$B_3 = A_3 \cdot R_3 = (0.1400, 0.2400, 0.2620, 0.2050, 0.1530)$

$B_4 = A_4 \cdot R_4 = (0.1000, 0.1840, 0.3640, 0.2210, 0.1310)$

一阶模糊综合判断矩阵为：

$$R = \begin{bmatrix} B_1 \\ B_2 \\ B_3 \\ B_4 \end{bmatrix} = \begin{bmatrix} 0.1630 & 0.2150 & 0.2850 & 0.2300 & 0.1070 \\ 0.1600 & 0.2400 & 0.3500 & 0.1900 & 0.0600 \\ 0.1400 & 0.2400 & 0.2620 & 0.2050 & 0.1530 \\ 0.1000 & 0.1840 & 0.3640 & 0.2210 & 0.1310 \end{bmatrix}$$

太阳能吸收式热泵经济性评判等级见表 7 – 3，即 $V = (45, 55, 75, 85, 95)$，则一阶模糊综合评判 $C_i = B_i \cdot V^T$，见表 7 – 4。

表 7 – 3 太阳能吸收式热泵经济性评判等级

评价等级	低	较低	较高	高	很高
分数	45	55	75	85	95

表 7 – 4 太阳能吸收式热泵经济性一阶模糊综合评判结果

项　目	权重	矩　阵					分数
		低	较低	较高	高	很高	
设备初投资	0.45	0.1630	0.2150	0.2850	0.2300	0.1070	70.2500
年运行费用	0.30	0.1600	0.2400	0.3500	0.1900	0.0600	68.5000
年维护费用	0.15	0.1400	0.2400	0.2620	0.2050	0.1530	71.1100
设备寿命	0.10	0.1000	0.1840	0.3640	0.2210	0.1310	73.1500

二阶综合模糊评判为：$B = A \cdot R = (0.1524, 0.2232, 0.3090, 0.2134, 0.1022)$，则模糊综合评价 C 为：$C = B \cdot V^T = 70.1440$，即太阳能吸收式热泵经济性的评价总得分为 70.14，经济性等级属于较高等级。

由表 7 – 4，从设备初投资、年运行费用、年维护费用和设备寿命因素考虑，太阳能吸收式热泵经济性等级均属于较高级别，这也是限制太阳能热泵产品迅速推广的一个主要原因。年运行费用和设备初投资分数较低，而实际工程中这两项支出占的比例又很大，往往成为用能方案能否顺利推广的关键。另外，该太阳能热泵产品的使用寿命也是用户十分关心的问题，因为这涉及产品回收周期问题。

7.4　太阳能吸收式热泵安全运行评价及方法

7.4.1　安全运行重要性

人们在享受着空调和热泵带来的舒适生活的时候，同时也不要忽视因疏忽或操作不当导致的灾难后果。

2013 年 8 月 31 日，上海翁牌冷藏实业有限公司发生液氨泄漏事故，造成 15 人死亡、25 人受伤。事故直接原因初步认定为厂房内液氨管路系统管帽脱落，引起液氨泄漏，并导致企业操作人员伤亡。两个多月前，一场由液氨泄漏导致的特大事故震惊全国。2013 年 6 月 3 日清晨，吉林省德惠市宝源丰禽业加工厂因液氨泄漏引发爆炸及大火，事故共造成 121 人死亡、76 人受伤。

2013 年 4 月 21 日，四川省眉山市仁寿县一食品厂冷库发生液氨泄漏事故，造成 4 人死亡，另有 24 人中毒。2013 年 4 月 1 日，山东省德州市金锣集团工厂冷库发生氨气泄漏事故，40 余人受伤，库内冷冻食品受到污染。2012 年 12 月 21 日，浙江省舟山市，一艘渔轮在进行海上冷冻品处理时发生氨泄漏，造成 7 名工作人员中毒、3 人死亡。2012 年 10 月 22 日，湖北省洪湖市德炎水产品公司发生氨气泄漏事故，导致 479 人中毒，事故原因是冷却器螺旋盘管老化断裂。2011 年 8 月 28 日，河北省万全县佳绿农产品液氨制冷管道发生爆裂，造成 4 人死亡、4 人受伤。2009 年 8 月 5 日，内蒙古赤峰市赤峰制药厂液氨槽罐车金属软管突然破裂，导致液氨泄漏，造成 246 人受伤、21 人中毒。

2015 年 3 月 1 日，浙江省义乌市苏溪镇人民路，一辆金色宾利轿车突然起火，10 余分钟内窜出的火苗就将轿车烧成一具"空壳"。初步调查显示，这是一起副驾驶室部位空调机起火导致的自燃事件。

空调和热泵引发的事故近几年越来越多，目前，我国对空调和热泵安全运行制定了相关的规范，如《空调通风系统运行管理规范》（GB 50365—2005）[18]，并逐年对该标准进行修订，指标要求日益严格。

当制冷机组采用的制冷剂对人体有害时，应对制冷机组定期检查、检测和维护，并应设置制冷剂泄漏报警装置。对制冷机组制冷剂泄漏报警装置应定期检查、检测和维护；当报警装置与通风系统连锁时，应保证联动正常。安全防护装置的工作状态应定期检查，并应对各种化学危险物品和油料等存放情况进行定期检查。空调通风系统设备的电气控制及操作系统应安全可靠。电源应符合设备要求，接线应牢固。接地措施应符合现行国家标准《建筑电气工程施工质量验收规范》（GB 50303—2015），不得有过载运转现象。空调通风系统冷热源的燃油管道系统的防静电接地装置必须安全可靠。水冷冷水机组的冷冻水和冷却水管道上的水流开关应定期检查，并应确保正常运转。制冷机组、水泵和风机等设备的基础应稳固，隔振装置应可靠，传动装置运转应正常，轴承和轴封的冷却、润滑、密封应良好，不得有过热、异常声音或振动等现象。在有冰冻可能的地区，新风机组或新风加热盘管、冷却塔的防冻设施应在进入冬季之前进行检查。水冷冷水机组冷凝器的进出口压差应定期检查，并应及时清除冷凝器内的水垢及杂物。空调通风系统的防火阀及其感温、感烟控制元件应定期检查。空调通风系统的设备机房内严禁放置易燃、易爆和有毒危险物品。

对溴化锂吸收式制冷机组，应定期检查，下列保护装置应正常工作：

（1）冷水及冷剂水的低温保护装置；

（2）溴化锂溶液的防结晶保护装置；

（3）发生器出口浓溶液的高温保护装置；

（4）冷剂水的液位保护装置；

（5）冷却水断水或流量过低保护装置；

（6）停机时防结晶保护装置；

（7）冷却水温度过低保护装置；

（8）屏蔽泵过载及防汽蚀保护装置；

（9）蒸发器中冷剂水温度过高保护装置。

7.4.2　评价指标体系

依据现有规范和标准，针对吸收式热泵事故发生特点，运用模糊数学方法，从安全管理、系统设计、防灾设备和应急设备等四方面对太阳能吸收式热泵安全运行进行定性评价，见表7-5。

表7-5　太阳能吸收式热泵安全运行评价指标及处理结果

第1级		第2级					
因素	权重	子因素	权重	隶属度				
				很好	较好	中等	较差	很差
安全管理	0.20	工作人员安全意识	0.15	0.3	0.2	0.3	0.1	0.1
		工作人员安全技能	0.15	0.3	0.3	0.1	0.2	0.1
		安全检查	0.25	0.2	0.2	0.4	0.1	0.1
		防灾疏散预案	0.15	0.2	0.3	0.3	0.1	0.1
		防灾演练技能	0.20	0.3	0.3	0.3	0.1	0.0
		规章制度	0.10	0.2	0.2	0.2	0.2	0.2

第 1 级		第 2 级						
因素	权重	子因素	权重	隶属度				
				很好	较好	中等	较差	很差
系统设计	0.50	地质构造抗震性	0.06	0.2	0.2	0.3	0.2	0.1
		区域空间规划设计	0.10	0.2	0.3	0.2	0.2	0.1
		建筑结构设计	0.10	0.2	0.4	0.2	0.1	0.1
		建筑内负荷	0.08	0.3	0.3	0.2	0.1	0.1
		电信设备抗震设计	0.05	0.2	0.4	0.2	0.1	0.1
		防灾报警系统设计	0.07	0.2	0.3	0.1	0.3	0.1
		安全监控系统设计	0.15	0.3	0.2	0.2	0.2	0.1
		安全观测环境设计	0.10	0.2	0.3	0.3	0.1	0.1
		防排烟系统设计	0.07	0.4	0.3	0.1	0.2	0.0
		防火系统设计	0.08	0.2	0.2	0.1	0.1	0.3
		给排水系统设计	0.10	0.3	0.3	0.1	0.1	0.2
		防爆系统设计	0.04	0.2	0.3	0.2	0.1	0.1
防灾设备	0.15	防灾报警设备	0.15	0.2	0.2	0.3	0.2	0.1
		通风排烟设备	0.13	0.2	0.2	0.2	0.1	0.2
		防爆设备	0.08	0.3	0.1	0.3	0.2	0.1
		防火灾设备	0.12	0.3	0.2	0.2	0.1	0.1
		给排水设备	0.25	0.4	0.3	0.2	0.1	0.0
		地震监测设备	0.27	0.2	0.3	0.2	0.2	0.1
应急设备	0.15	声光报警设备	0.15	0.3	0.4	0.2	0.1	0.0
		消防通讯设备	0.15	0.2	0.2	0.3	0.2	0.1
		应急照明设备	0.15	0.2	0.3	0.3	0.1	0.1
		避险疏散设备	0.20	0.2	0.3	0.3	0.1	0.1
		避险通道设备	0.15	0.3	0.4	0.1	0.1	0.1
		避险救助设备	0.20	0.3	0.3	0.2	0.1	0.1

7.4.3　模糊综合评判方法

模糊综合评判方法是运用模糊数学原理分析和评价具有"模糊性"事物的系统分析方法。安全运行是一个模糊概念，在安全与危险之间并无明确的界限，因此可以采用模糊综合评判方法对其评价。当影响事物因素较多又有很强的不确定性和模糊性时，采用模糊综合评判方法进行量化分析具有明显的优越性。隶属函数是模糊综合评判方法的关键之一，是一种对不能精确定量表述的事物现象、规律及进程的模糊陈述的表达式，由此确定的隶属度是对模糊概念贴近程度的度量。综合考虑影响太阳能热泵安全运行的几个影响因素，依据隶属函数构造方法及原则，取定本小节所需要的隶属函数。

7.4.4 因素集和等级集的确定

模糊综合评判的因素集为安全管理、系统设计、防灾设备和应急设备，表示为：$U = \{u_1, u_2, u_3, u_4\}$。

每一因素下的子因素表示为：$U_i = \{u_{i1}, u_{i2}, \cdots, u_{ij}, \cdots, u_{im_i}\}$（$i = 1, 2, 3, 4$）。式中，$u_{ij}$ 为第 i 因素中 j 子因素；m_i 为 i 因素中子因素数量。

根据实际情况并参考国内外相关标准，本小节等级分成安全、较安全、一般、较危险、危险 5 个级别，向量表示为：$V = \{v_1, v_2, v_3, v_4, v_5\}$。

7.4.5 因素和子因素权重系数的确定

当研究的是二阶模糊综合评判时，权重系数包括因素权重系数和子因素权重系数。

因素权重系数反映各因素间的内在关系，体现了各因素在因素集中的重要程度。因素权重系数的确定一般有 3 种方法，即德尔菲法（也称专家评议法）、专家调查法和判断矩阵分析法，本小节选取专家调查法来确定因素的权重系数。因权重系数的模糊性特点，其确定必须在大量统计数据的基础上完成，因此，需要聘请足够数量的相关领域专家相互独立地完成调查数据。因素权重集记为 $A = \{a_1, a_2, a_3, a_4\}$。式中，$A$ 为 U 上的模糊子集。同理，子因素权重集记为 $A_i = \{a_{i1}, a_{i2}, \cdots, a_{im_i}\}$（$i = 1, 2, 3, 4$）。式中，$A_i$ 为 u_i 上的模糊子集。

7.4.6 模糊统计试验

r_{ij} 表示子因素 u_{ij} 对于等级 V_k 的隶属度。隶属度的确定方法很多，如模糊统计法、三分法、模糊分布法和其他方法。本小节选用模糊统计法来确定隶属度 r_{ij}，即根据被调查专家针对子因素 u_{ij} 在等级 V_k 上的投票人数与被调查专家的总人数之比。对于每一子因素 u_i，统计结果可表示为：

$$\boldsymbol{R}_i = \begin{bmatrix} R_{i1} \\ R_{i2} \\ \vdots \\ R_{im_i} \end{bmatrix} = \begin{bmatrix} r_{i11} & r_{i12} & r_{i13} & r_{i14} & r_{i15} \\ r_{i21} & r_{i22} & r_{i23} & r_{i24} & r_{i25} \\ \vdots & \vdots & \vdots & \vdots & \vdots \\ r_{im_i1} & r_{im_i2} & r_{im_i3} & r_{im_i4} & r_{im_i5} \end{bmatrix} \qquad (7-18)$$

式中，$\boldsymbol{R}_i$ 为 $[u_i \times V]$ 上的模糊矩阵，称为评判矩阵，上式的每一行都满足归一化条件，即 $\sum_{k=1}^{5} r_{ijk} = 1$ 。对于每一因素，均需要通过一次模糊统计试验来确定其评判矩阵 $\boldsymbol{R}_i$ 。

7.4.7　模糊统计试验的模糊综合评判

采用二阶模糊综合评判时，需先求出一阶评判，再进行二阶评判。

7.4.7.1　一阶模糊综合评判

一阶评判 B_i 为：

$$\boldsymbol{B}_i = \boldsymbol{A}_i \cdot \boldsymbol{R}_i = (b_{i1}, b_{i2}, b_{i3}, b_{i4}, b_{i5})$$

式中　b_{ik}——因素 u_i 对于等级 V_i 的隶属度，$b_{ik} = \sum_{j=1}^{m_i} a_{ij} \cdot r_{ijk}$ ；

　　　$\boldsymbol{B}_i$——V 上的模糊子集。

则一阶模糊综合评判 C_i 为 $C_i = \boldsymbol{B}_i \cdot \boldsymbol{V}^{\mathrm{T}}$ 。

对于每个因素，一阶模糊综合判断矩阵 $\boldsymbol{R}$ 为：

$$\boldsymbol{R} = \begin{bmatrix} \boldsymbol{B}_1 \\ \boldsymbol{B}_2 \\ \boldsymbol{B}_3 \\ \boldsymbol{B}_4 \end{bmatrix} = \begin{bmatrix} b_{11} & b_{12} & b_{13} & b_{14} & b_{15} \\ b_{21} & b_{22} & b_{23} & b_{24} & b_{25} \\ b_{31} & b_{32} & b_{33} & b_{34} & b_{35} \\ b_{41} & b_{42} & b_{43} & b_{44} & b_{45} \end{bmatrix} \tag{7-19}$$

式中　$\boldsymbol{R}$——$[U \times V]$ 上的模糊矩阵。

7.4.7.2　二阶模糊综合评判

二阶评判 B 为：

$$\boldsymbol{B} = \boldsymbol{A} \cdot \boldsymbol{R} = (b_1, b_2, b_3, b_4, b_5)$$

式中　b_k——因素集 U 对等级 V_k 的隶属度，$b_k = \sum_{i=1}^{5} a_i \cdot b_{ik}$ ；

　　　$\boldsymbol{B}$——V 上的模糊子集，即系统性能模糊综合评判的结果向量。

7.4.8　综合评价结果

根据最大隶属度原则或变换 $C = \boldsymbol{B} \cdot \boldsymbol{V}^{\mathrm{T}}$，然后根据 C 值分析评价结果。

7.4.9　算例评判

为了对太阳能吸收式热泵安全运行进行定量评价，本小节以唐山市某公司太阳能热泵为研究对象，从安全管理、系统设计、防灾设备和应急设备等四方面进行分析。通过对相关专家和热泵工程设计人员的调查统计处理，确定本算例的权重系数及隶属度参数。分析如下：

$$A_1 = (0.15, 0.15, 0.25, 0.15, 0.20, 0.10)$$

$A_2 = (0.06, 0.10, 0.10, 0.08, 0.05, 0.07, 0.15, 0.10, 0.07, 0.08, 0.10, 0.04)$

$A_3 = (0.15, 0.13, 0.08, 0.12, 0.25, 0.27)$

$A_4 = (0.15, 0.15, 0.15, 0.20, 0.15, 0.20)$

$A = (0.20, 0.50, 0.15, 0.15)$

$$R_1 = \begin{bmatrix} 0.3 & 0.2 & 0.3 & 0.1 & 0.1 \\ 0.3 & 0.3 & 0.1 & 0.2 & 0.1 \\ 0.3 & 0.2 & 0.4 & 0.1 & 0.1 \\ 0.2 & 0.3 & 0.3 & 0.1 & 0.1 \\ 0.3 & 0.3 & 0.3 & 0.1 & 0.0 \\ 0.2 & 0.2 & 0.2 & 0.2 & 0.2 \end{bmatrix} \qquad R_2 = \begin{bmatrix} 0.2 & 0.2 & 0.3 & 0.2 & 0.1 \\ 0.2 & 0.3 & 0.2 & 0.2 & 0.1 \\ 0.2 & 0.4 & 0.2 & 0.1 & 0.1 \\ 0.3 & 0.3 & 0.2 & 0.1 & 0.1 \\ 0.2 & 0.4 & 0.2 & 0.1 & 0.1 \\ 0.2 & 0.3 & 0.1 & 0.3 & 0.1 \\ 0.3 & 0.2 & 0.2 & 0.2 & 0.1 \\ 0.2 & 0.3 & 0.3 & 0.1 & 0.1 \\ 0.4 & 0.3 & 0.1 & 0.2 & 0.0 \\ 0.2 & 0.3 & 0.1 & 0.1 & 0.3 \\ 0.3 & 0.3 & 0.1 & 0.1 & 0.2 \\ 0.2 & 0.3 & 0.2 & 0.2 & 0.1 \end{bmatrix}$$

$$R_3 = \begin{bmatrix} 0.2 & 0.2 & 0.3 & 0.2 & 0.1 \\ 0.2 & 0.3 & 0.2 & 0.1 & 0.2 \\ 0.3 & 0.1 & 0.3 & 0.2 & 0.1 \\ 0.3 & 0.3 & 0.2 & 0.1 & 0.1 \\ 0.4 & 0.3 & 0.2 & 0.1 & 0.0 \\ 0.2 & 0.3 & 0.2 & 0.2 & 0.1 \end{bmatrix} \qquad R_4 = \begin{bmatrix} 0.3 & 0.4 & 0.2 & 0.1 & 0.0 \\ 0.3 & 0.2 & 0.3 & 0.1 & 0.1 \\ 0.2 & 0.3 & 0.3 & 0.1 & 0.1 \\ 0.3 & 0.2 & 0.3 & 0.1 & 0.1 \\ 0.3 & 0.4 & 0.1 & 0.1 & 0.1 \\ 0.3 & 0.3 & 0.2 & 0.1 & 0.1 \end{bmatrix}$$

一阶模糊综合判断为：

$B_1 = A_1 \cdot R_1 = (0.2500, 0.2500, 0.2850, 0.1250, 0.0900)$

$B_2 = A_2 \cdot R_2 = (0.2470, 0.2940, 0.1840, 0.1560, 0.1190)$

$B_3 = A_3 \cdot R_3 = (0.2700, 0.2690, 0.2230, 0.1500, 0.0880)$

$B_4 = A_4 \cdot R_4 = (0.2850, 0.2950, 0.2350, 0.1000, 0.0850)$

一阶模糊综合判断矩阵为：

$$R = \begin{bmatrix} B_1 \\ B_2 \\ B_3 \\ B_4 \end{bmatrix} = \begin{bmatrix} 0.2500 & 0.2500 & 0.2850 & 0.1250 & 0.0900 \\ 0.2470 & 0.2940 & 0.1840 & 0.1560 & 0.1190 \\ 0.2700 & 0.2690 & 0.2230 & 0.1500 & 0.0880 \\ 0.2850 & 0.2950 & 0.2350 & 0.1000 & 0.0850 \end{bmatrix}$$

太阳能吸收式热泵安全运行的评判等级见表 7-6，即 $V = (95, 80, 70, 60, 45)$，则一阶模糊综合评判 $C_i = B_i \cdot V^T$，见表 7-7。

表 7 - 6　太阳能吸收式热泵安全运行评判等级

安全等级	安全	较安全	一般	较危险	危险
分数	95	80	70	60	45

表 7 - 7　太阳能吸收式热泵安全运行一阶模糊综合评判结果

项　目	权重	矩　阵					分数
		安全	较安全	一般	较危险	危险	
安全管理	0.20	0.2500	0.2500	0.2850	0.1250	0.0900	75.2500
系统设计	0.50	0.2470	0.2940	0.1840	0.1560	0.1190	74.5800
防灾设备	0.15	0.2700	0.2690	0.2230	0.1500	0.0880	75.7400
应急设备	0.15	0.2850	0.2950	0.2350	0.1000	0.0850	76.9500

二阶综合模糊评判为：$B = A \cdot R = ($ 0.2567, 0.2816, 0.2177, 0.1405, 0.1035)，则模糊综合评价 C 为：$C = B \cdot V^{\mathrm{T}} = 75.2435$，即该太阳能吸收式热泵安全运行评价得分为 75.24，安全等级接近于较安全等级。

由表 7 - 7 可知，从安全管理、系统设计、防灾设备和应急设备因素考虑，该太阳能吸收式热泵安全运行等级接近于较安全水平，但这些指标距离较安全等级还有一定差距。因此，在加强热泵安全管理、防灾设备和应急设备因素水平的前提下，加大在系统设计方面的监督、管理，从而进一步提高预防安全事故的发生。

7.5　用能方案定量评价及方法

对于给定的用能面积，本章分别给出了几种用能方案，分别是：（1）冬季锅炉供暖 + 夏季分体式空调制冷：1）燃煤锅炉 + 分体式空调；2）燃油锅炉 + 分体式空调；3）燃气锅炉 + 分体式空调。（2）城市集中供热 + 分体式空调。（3）热泵型空调冬季供暖 + 夏季制冷。（4）集中式中央空调系统。（5）太阳能吸收式热泵系统：1）吸收式热泵 + A 公司平板集热器；2）吸收式热泵 + B 公司平板集热器。

传统小容量锅炉供暖形式包括现在的集中供热形式普遍存在热效率低、污染严重等问题，只是集中供热形式的弊端往往被人们忽视。未来用能形式究竟采用哪种方案比较科学、合理，这也是广大能源工作者一直在研究和探讨的问题。表 7 - 8 给出了几种用能方案定量评价指标及处理结果。

表 7 – 8 几种用能方案定量评价指标及处理结果

第 1 级		第 2 级						
因素	权重	子因素	权重	隶属度				
				很好	较好	中等	较差	很差
锅炉＋分体式空调	0.10	系统设计	0.15	0.1	0.2	0.4	0.2	0.1
		安全管理	0.15	0.2	0.2	0.4	0.1	0.1
		防灾设备	0.08	0.2	0.4	0.2	0.1	0.1
		应急设备	0.08	0.1	0.3	0.2	0.2	0.2
		环保指数	0.20	0.1	0.1	0.2	0.2	0.4
		安全指数	0.15	0.2	0.2	0.4	0.1	0.1
		安装地点要求	0.08	0.1	0.2	0.2	0.3	0.2
		自动化水平	0.11	0.1	0.2	0.1	0.4	0.2
集中供热＋分体式空调	0.20	系统设计	0.20	0.2	0.3	0.2	0.1	0.2
		安全管理	0.10	0.1	0.3	0.3	0.2	0.1
		防灾设备	0.05	0.2	0.3	0.3	0.1	0.1
		应急设备	0.05	0.3	0.2	0.2	0.2	0.1
		环保指数	0.20	0.2	0.2	0.3	0.2	0.1
		安全指数	0.20	0.2	0.2	0.4	0.1	0.1
		安装地点要求	0.05	0.1	0.3	0.4	0.1	0.1
		自动化水平	0.15	0.2	0.3	0.3	0.1	0.1
热泵型分体式空调	0.20	系统设计	0.22	0.3	0.2	0.4	0.1	0.0
		安全管理	0.08	0.3	0.4	0.2	0.1	0.0
		防灾设备	0.08	0.2	0.4	0.3	0.1	0.0
		应急设备	0.08	0.3	0.3	0.3	0.1	0.0
		环保指数	0.16	0.3	0.3	0.2	0.2	0.0
		安全指数	0.19	0.3	0.3	0.3	0.1	0.0
		安装地点要求	0.02	0.1	0.3	0.6	0.0	0.0
		自动化水平	0.17	0.3	0.4	0.3	0.0	0.0
中央空调	0.15	系统设计	0.20	0.2	0.3	0.3	0.2	0.0
		安全管理	0.05	0.2	0.4	0.2	0.1	0.1
		防灾设备	0.05	0.2	0.3	0.2	0.1	0.1
		应急设备	0.08	0.1	0.3	0.4	0.1	0.1
		环保指数	0.24	0.3	0.3	0.3	0.1	0.0
		安全指数	0.15	0.2	0.4	0.3	0.1	0.0
		安装地点要求	0.03	0.2	0.4	0.2	0.1	0.1
		自动化水平	0.20	0.2	0.3	0.3	0.1	0.1
太阳能吸收式热泵	0.35	系统设计	0.20	0.2	0.3	0.3	0.1	0.1
		安全管理	0.10	0.2	0.3	0.2	0.2	0.1
		防灾设备	0.05	0.1	0.2	0.4	0.2	0.1

续表 7 – 8

第 1 级		第 2 级						
因素	权重	子因素	权重	隶属度				
				很好	较好	中等	较差	很差
太阳能吸收式热泵	0.35	应急设备	0.05	0.2	0.3	0.3	0.2	0.0
		环保指数	0.30	0.4	0.4	0.2	0.0	0.0
		安全指数	0.15	0.3	0.3	0.2	0.1	0.1
		安装地点要求	0.05	0.1	0.3	0.4	0.1	0.1
		自动化水平	0.10	0.3	0.2	0.3	0.2	0.0

7.5.1　模糊综合评判方法

模糊综合评判方法是运用模糊数学原理分析和评价具有"模糊性"的事物的系统分析方法。几种用能方案性能好与坏是一个相对概念，也是一个模糊概念，在好与坏之间并无明确的界限，因此可以采用模糊综合评判方法对其评价。当影响事物因素较多又有很强的不确定性和模糊性时，采用模糊综合评判方法进行量化分析具有明显的优越性。隶属函数是模糊综合评判方法的关键之一，是一种对不能精确定量表述的事物现象、规律及进程的模糊陈述的表达式，由此确定的隶属度是对模糊概念贴近程度的度量。综合考虑影响几种用能方案性能好与坏的几个影响因素，依据隶属函数构造方法及原则，取定本小节所需的隶属函数。

7.5.2　因素集和等级集的确定

本小节模糊综合评判的因素集为锅炉 + 分体式空调、集中供热 + 分体式空调、热泵型分体式空调、中央空调和太阳能吸收式热泵，记为 $U = \{u_1,\ u_2,\ u_3,\ u_4,\ u_5\}$。

每一因素下的子因素表示为：$U_i = \{u_{i1},\ u_{i2},\ \cdots,\ u_{ij},\ \cdots,\ u_{im_i}\}$（$i = 1,\ 2,\ 3,\ 4,\ \cdots 8$）。式中，$u_{ij}$ 为第 i 因素中 j 子因素；m_i 为 i 因素中子因素数量。

根据实际情况并参考国内外相关标准，本小节等级分成很好、较好、中等、较差、很差 5 个级别，向量表示为：$V = \{v_1,\ v_2,\ v_3,\ v_4,\ v_5\}$。

7.5.3　因素和子因素权重系数的确定

当研究的是二阶模糊综合评判时，权重系数包括因素权重系数和子因素权重系数。

因素权重系数反映各因素间的内在关系，体现了各因素在因素集中的重要程度。因素权重系数的确定，一般有 3 种方法，即德尔菲法（也称专家评议法）、专家调查法和判断矩阵分析法，本小节选取专家调查法来确定因素的权重系数。因权重系数的模糊性特点，其确定必须在大量统计数据的基础上完成。因此，需要聘请足够数量的相关领域专家相互独立的完成调查数据。因素权重集记为 $A = \{a_1, a_2, a_3, a_4, a_5\}$。式中，$A$ 为 U 上的模糊子集。同理，子因素权重集记为 $A_i = \{a_{i1}, a_{i2}, \cdots, a_{im_i}\}$（$i = 1, 2, 3, 4, \cdots, 8$）。式中，$A_i$ 为 u_i 上的模糊子集。

7.5.4 模糊统计试验

r_{ij} 表示子因素 u_{ij} 对于等级 V_k 的隶属度。隶属度的确定方法很多，如模糊统计法、三分法、模糊分布法和其他方法。本小节选用模糊统计法来确定隶属度 r_{ij}，即根据被调查专家针对子因素 u_{ij} 在等级 V_k 上的投票人数与被调查专家的总人数之比。对于每一子因素 u_i，统计结果可表示为：

$$R_i = \begin{bmatrix} R_{i1} \\ R_{i2} \\ \vdots \\ R_{im_i} \end{bmatrix} = \begin{bmatrix} r_{i11} & r_{i12} & r_{i13} & r_{i14} & r_{i15} \\ r_{i21} & r_{i22} & r_{i23} & r_{i24} & r_{i25} \\ \vdots & \vdots & \vdots & \vdots & \vdots \\ r_{im_i1} & r_{im_i2} & r_{im_i3} & r_{im_i4} & r_{im_i5} \end{bmatrix} \qquad (7-20)$$

式中，R_i 为 $[u_i \times V]$ 上的模糊矩阵，称为评判矩阵，上式的每一行都满足归一化条件，即 $\sum_{k=1}^{5} r_{ijk} = 1$。对于每一因素，均需要通过一次模糊统计试验来确定其评判矩阵 R_i。

7.5.5 模糊统计试验的模糊综合评判

采用二阶模糊综合评判时，需先求出一阶评判，再进行二阶评判。

7.5.5.1 一阶模糊综合评判

一阶评判 B_i 为：

$$B_i = A_i \cdot R_i = (b_{i1}, b_{i2}, b_{i3}, b_{i4}, b_{i5})$$

式中 b_{ik}——因素 u_i 对于等级 V_i 的隶属度，$b_{ik} = \sum_{j=1}^{m_i} a_{ij} \cdot r_{ijk}$；

B_i——V 上的模糊子集。

则一阶模糊综合评判 C_i 为 $C_i = B_i \cdot V^T$。

对于每个因素，一阶模糊综合判断矩阵 R 为：

$$R = \begin{bmatrix} B_1 \\ B_2 \\ B_3 \\ B_4 \\ B_5 \end{bmatrix} = \begin{bmatrix} b_{11} & b_{12} & b_{13} & b_{14} & b_{15} \\ b_{21} & b_{22} & b_{23} & b_{24} & b_{25} \\ b_{31} & b_{32} & b_{33} & b_{34} & b_{35} \\ b_{41} & b_{42} & b_{43} & b_{44} & b_{45} \\ b_{51} & b_{52} & b_{53} & b_{54} & b_{55} \end{bmatrix} \qquad (7-21)$$

式中　R——$[U \times V]$ 上的模糊矩阵。

7.5.5.2　二阶模糊综合评判

二阶评判 B 为：

$$B = A \cdot R = (b_1, b_2, b_3, b_4, b_5)$$

式中　b_k——因素集 U 对等级 V_k 的隶属度，$b_k = \sum_{i=1}^{5} a_i \cdot b_{ik}$；

　　　　B——V 上的模糊子集，即系统性能模糊综合评判的结果向量。

7.5.6　综合评价结果

根据最大隶属度原则或变换 $C = B \cdot V^{\mathrm{T}}$，然后根据 C 值分析评价结果。

7.5.7　算例评判

为了对包括太阳能吸收式热泵在内的几种用能方案进行定量评价，本小节以锅炉 + 分体式空调、集中供热 + 分体式空调、热泵型分体式空调、中央空调和太阳能吸收式热泵为模糊综合评判的因素集，从系统设计、安全管理、防灾设备、应急设备、环保指数、安全指数、安装地点要求和自动化水平等八方面进行分析。通过对相关专家和热泵工程设计人员的调查统计处理，确定本算例的权重系数及隶属度参数。分析如下：

$A_1 = (0.15, 0.15, 0.08, 0.08, 0.20, 0.15, 0.08, 0.11)$

$A_2 = (0.20, 0.10, 0.05, 0.05, 0.20, 0.20, 0.05, 0.15)$

$A_3 = (0.22, 0.08, 0.08, 0.08, 0.16, 0.19, 0.02, 0.17)$

$A_4 = (0.20, 0.05, 0.05, 0.08, 0.24, 0.15, 0.03, 0.20)$

$A_5 = (0.20, 0.10, 0.05, 0.05, 0.30, 0.15, 0.05, 0.10)$

$A = (0.10, 0.20, 0.20, 0.15, 0.35)$

$$R_1 = \begin{bmatrix} 0.1 & 0.2 & 0.4 & 0.2 & 0.1 \\ 0.2 & 0.2 & 0.4 & 0.1 & 0.1 \\ 0.2 & 0.4 & 0.2 & 0.1 & 0.1 \\ 0.1 & 0.3 & 0.2 & 0.2 & 0.2 \\ 0.1 & 0.1 & 0.2 & 0.2 & 0.4 \\ 0.2 & 0.2 & 0.4 & 0.1 & 0.1 \\ 0.1 & 0.2 & 0.2 & 0.3 & 0.2 \\ 0.1 & 0.2 & 0.1 & 0.4 & 0.2 \end{bmatrix} \quad R_2 = \begin{bmatrix} 0.2 & 0.3 & 0.2 & 0.1 & 0.2 \\ 0.1 & 0.3 & 0.3 & 0.2 & 0.1 \\ 0.2 & 0.3 & 0.3 & 0.1 & 0.1 \\ 0.3 & 0.2 & 0.2 & 0.2 & 0.1 \\ 0.2 & 0.2 & 0.4 & 0.1 & 0.1 \\ 0.2 & 0.2 & 0.4 & 0.1 & 0.1 \\ 0.1 & 0.3 & 0.4 & 0.1 & 0.1 \\ 0.2 & 0.3 & 0.3 & 0.1 & 0.1 \end{bmatrix}$$

$$\boldsymbol{R}_3 = \begin{bmatrix} 0.3 & 0.2 & 0.4 & 0.1 & 0.0 \\ 0.3 & 0.4 & 0.2 & 0.1 & 0.0 \\ 0.2 & 0.4 & 0.3 & 0.1 & 0.0 \\ 0.3 & 0.3 & 0.3 & 0.1 & 0.0 \\ 0.3 & 0.3 & 0.2 & 0.2 & 0.0 \\ 0.3 & 0.3 & 0.3 & 0.1 & 0.0 \\ 0.1 & 0.3 & 0.6 & 0.0 & 0.0 \\ 0.3 & 0.4 & 0.3 & 0.0 & 0.0 \end{bmatrix} \qquad \boldsymbol{R}_4 = \begin{bmatrix} 0.2 & 0.3 & 0.3 & 0.2 & 0.0 \\ 0.2 & 0.4 & 0.2 & 0.1 & 0.1 \\ 0.3 & 0.3 & 0.3 & 0.1 & 0.0 \\ 0.1 & 0.3 & 0.4 & 0.1 & 0.1 \\ 0.3 & 0.3 & 0.3 & 0.1 & 0.0 \\ 0.2 & 0.4 & 0.2 & 0.1 & 0.0 \\ 0.2 & 0.4 & 0.2 & 0.1 & 0.0 \\ 0.2 & 0.3 & 0.3 & 0.1 & 0.1 \end{bmatrix}$$

$$\boldsymbol{R}_5 = \begin{bmatrix} 0.2 & 0.3 & 0.3 & 0.1 & 0.1 \\ 0.2 & 0.3 & 0.2 & 0.2 & 0.1 \\ 0.1 & 0.2 & 0.4 & 0.2 & 0.1 \\ 0.2 & 0.3 & 0.3 & 0.2 & 0.0 \\ 0.4 & 0.4 & 0.2 & 0.0 & 0.0 \\ 0.3 & 0.3 & 0.2 & 0.1 & 0.1 \\ 0.1 & 0.3 & 0.4 & 0.1 & 0.1 \\ 0.3 & 0.2 & 0.3 & 0.2 & 0.0 \end{bmatrix}$$

一阶模糊综合判断为：

$\boldsymbol{B}_1 = \boldsymbol{A}_1 \cdot \boldsymbol{R}_1 = (0.1380, 0.2040, 0.2790, 0.1920, 0.1870)$

$\boldsymbol{B}_2 = \boldsymbol{A}_2 \cdot \boldsymbol{R}_2 = (0.1900, 0.2550, 0.3000, 0.1350, 0.1200)$

$\boldsymbol{B}_3 = \boldsymbol{A}_3 \cdot \boldsymbol{R}_3 = (0.2880, 0.3110, 0.3040, 0.0970, 0.0000)$

$\boldsymbol{B}_4 = \boldsymbol{A}_4 \cdot \boldsymbol{R}_4 = (0.2210, 0.3230, 0.3000, 0.1200, 0.0360)$

$\boldsymbol{B}_5 = \boldsymbol{A}_5 \cdot \boldsymbol{R}_5 = (0.2750, 0.3150, 0.2550, 0.1000, 0.0550)$

一阶模糊综合判断矩阵为：

$$\boldsymbol{R} = \begin{bmatrix} \boldsymbol{B}_1 \\ \boldsymbol{B}_2 \\ \boldsymbol{B}_3 \\ \boldsymbol{B}_4 \\ \boldsymbol{B}_5 \end{bmatrix} = \begin{bmatrix} 0.1380 & 0.2040 & 0.2790 & 0.1920 & 0.1870 \\ 0.1900 & 0.2550 & 0.3000 & 0.1350 & 0.1200 \\ 0.2880 & 0.3110 & 0.3040 & 0.0970 & 0.0000 \\ 0.2210 & 0.3230 & 0.3000 & 0.1200 & 0.0360 \\ 0.2750 & 0.3150 & 0.2550 & 0.1000 & 0.0550 \end{bmatrix}$$

几种用能方案定量评价评判等级见表 7 - 9，即 $\boldsymbol{V} = (90, 80, 70, 60, 40)$，则一阶模糊综合评判 $C_i = \boldsymbol{B}_i \cdot \boldsymbol{V}^T$，见表 7 - 10。

表 7 - 9 太阳能吸收式热泵安全运行评判等级

安全等级	很好	较好	中等	较差	很差
分数	90	80	70	60	40

表 7 – 10　太阳能吸收式热泵安全运行一阶模糊综合评判结果

项目	权重	矩　阵					分数
		很好	较好	中等	较差	很差	
锅炉 + 分体式空调	0.15	0.1380	0.2040	0.2790	0.1920	0.1870	67.2700
集中供热 + 分体式空调	0.20	0.1900	0.2550	0.3000	0.1350	0.1200	71.4000
热泵型分体式空调	0.15	0.2880	0.3110	0.3040	0.0970	0.0000	77.9000
中央空调	0.20	0.2210	0.3230	0.3000	0.1200	0.0360	75.3700
太阳能吸收式热泵	0.30	0.2750	0.3150	0.2550	0.1000	0.0550	76.0000

二阶综合模糊评判为：$B = A \cdot R = ($ 0.2388，0.2923，0.2829，0.1186，0.0674$)$，则模糊综合评价 C 为：$C = B \cdot V^T = 74.4925$，即该太阳能吸收式热泵安全运行评价得分为 74.49，评价等级接近于较好等级。

由表 7 – 10 可知，在给定的几种用能方案中，锅炉 + 分体式空调和集中供热 + 分体式空调方案评价结果属于中等水平，热泵型分体式空调、中央空调和太阳能吸收式热泵三种方案评价结果接近于较好水平。分析表明，给定几种用能方案中，太阳能吸收式热泵评价结果较好，而锅炉供热方案评价结果最差。综合考虑各项因素，锅炉供暖方案不仅供热效率低，并且污染也比较大，尽管集中供热可以做到污染物大幅度减排控制，但对于小颗粒污染物排放控制仍具有很大的局限性。

由于高效环保，并且可从根本上对小颗粒污染物减排控制，热泵的使用越来越普及。热泵在回收小温差下的余热具有较高的效率，加上太阳能属于清洁可再生的能源，因而，太阳能吸收式热泵具有很好的应用前景。但是，太阳能吸收式热泵初投资一般都比较高。另外，太阳能集热器对环境气候比较敏感，如阴雨天气、雾霾，晚上也不能使用。粉尘污染严重区域，太阳能集热器效果也比较差，同时也加重了维修任务和费用。综合比较各种用能方案，在光照强度丰富区域和冷热负荷要求较大工况下，太阳能吸收式热泵系统的优越性比较显著。

7.6　小结

利用模糊综合评判方法并结合具体算例，对太阳能吸收式热泵进行了研究。分别给出了一阶模糊评判、二阶模糊评判和评判等级标准，评判阶数、评判等级、权重系数和评判矩阵应依实际情况灵活调整；根据模糊综合评判结果，确定太阳能吸收式热泵评价因素中的不足，为太阳能吸收式热泵性能优化及安全管理提供依据；太阳能吸收式热泵经济投入和相应设备使用寿命是用户十分关心的问题，这也是决定太阳能热泵产品将来能否大范围推广的主要原因。

参 考 文 献

[1] 赵德齐. 模糊数学 [M]. 北京：中国民族大学出版社，1995.

[2] 杨纶标，高英仪，凌卫新. 模糊数学原理及应用 [M]. 广州：华南理工大学出版社，2011.

[3] 谢季坚，刘承平. 模糊数学方法及其应用 [M]. 武汉：华中科技大学出版社，2013.

[4] 石红柳. 夏热冬冷地区典型城市的不同采暖方式的综合评价 [D]. 西安：西安建筑科技大学，2014.

[5] 裴侠风. 地源热泵方案与常规中央空调方案的模糊评判研究 [D]. 武汉：华中科技大学，2005.

[6] 唐志华. 湖南省浅层地热能建筑应用及地源热泵模糊综合评判研究 [D]. 长沙：湖南大学，2011.

[7] 王洪利，马一太，曾宪阳，等. 建筑物地震危险性的模糊理论 [J]. 天津大学学报，2008，41（3）：276～280.

[8] 张晓平. 模糊综合评判理论与应用研究进展 [J]. 山东建筑学院学报，2003，18（4）：90～94.

[9] 薛山. MATLAB 基础教程 [M]. 北京：清华大学出版社，2015.

[10] 中华人民共和国住房和城乡建设部. GB/T 23889—2009，家用空气源热泵辅助型太阳能热水系统技术条件 [S]. 北京：中国标准出版社，2010.

[11] 中华人民共和国住房和城乡建设部. GB/T 6424—2007，平板型太阳能集热器 [S]. 北京：中国标准出版社，2007.

[12] 中华人民共和国住房和城乡建设部. GB/T 17581—2007，真空管型太阳能集热器 [S]. 北京：中国标准出版社，2007.

[13] 王占伟，王智伟，石红柳，等. 夏热冬冷地区典型城市的不同供暖方式综合评价 [J]. 建筑科学，2014，30（12）：8～14.

[14] 狄建华. 模糊数学理论在建筑安全综合评价中的应用 [J]. 华南理工大学学报，2002，30（7）：87～90.

[15] 王楠，曹剑峰，赵继昌，等. 长春市区浅层地温能开发利用方式适宜性分区评价 [J]. 吉林大学学报，2012，42（4）：1139～1144.

[16] 杨开明，杨小林. 空调系统性能的模糊综合评判 [J]. 四川工业学院学报，2004，23（1）：41～43.

[17] 路诗奎，于卫东. 空调冷源设备的 Fuzzy 多级综合评判 [J]. 郑州工业大学学报，1999，20（3）：57～59.

[18] 中华人民共和国住房和城乡建设部. GB 50365—2005，空调通风系统运行管理规范 [S]. 北京：中国标准出版社，2005.

8 用能方案经济性对比

8.1 投资分配对比

几种用能方案投资分配见表 8-1。

表 8-1 几种用能方案投资分配

明细	冷负荷	672kW		热负荷	414kW			
	锅炉			空调			太阳能热泵	
系统形式	燃煤锅炉+分体式空调	燃油锅炉+分体式空调	燃气锅炉+分体式空调	集中供热+分体式空调	热泵型分体式空调	中央空调	吸收式热泵+A公司集热器	吸收式热泵+B公司集热器
能源种类	煤	柴油	天然气	电	空气+电	空气+电	太阳能+电	太阳能+电
环保指数	污染不节能	污染不节能	污染不节能	环保不节能	环保不节能	环保节能	高效环保节能	高效环保节能
安全指数	较危险	危险	危险	安全	相对安全	相对安全	安全	安全
安装地点	安装受限制	安装受限制	安装受限制	安装不限制	安装不限制	安装不限制	安装较受限制	安装较受限制
运行费用/元·a^{-1}	2556736	3411176	2566976	636244	956993	840680	960322	992460
设备初投资/元	1186816	1194816	1254816	690816	690816	573600	17020000	14240000
设备寿命/年	10	10	10	12	12	15	15	15
维护费用/元·a^{-1}	133622	133622	133622	103622	103622	60000	180000	180000
使用效果	冬、夏季温度调节麻烦	冬、夏季温度调节麻烦	冬、夏季温度调节麻烦	夏季温度调节较麻烦	冬、夏季温度调节麻烦	智能控温、调节灵活	智能控温、调节灵活	智能控温、调节灵活

续表 8−1

明细	冷负荷	672kW		热负荷	414kW			
	锅炉			空调			太阳能热泵	
优点	操作水平要求低	操作水平要求低	操作水平要求低	操作水平要求低、运行费用低	无污染、运行费用较高	无污染、运行费用低	无污染、效率高	无污染、效率高
不足	污染严重、运行费用高	污染严重、运行费用高	污染严重、运行费用高	效率较低、初投资较大	效率较低、初投资较大	小面积效果不显著	初投资大、受环境影响大	初投资大、受环境影响大

8.2 投资回收对比

基于前面章节分析，本章对给定的几种用能方案从设备投资和回收周期进行了详细分析，可参见表8−1和表8−2。表8−3～表8−5分别给出了燃煤锅炉、燃气锅炉和燃油锅炉报价。

表 8−2 几种用能方案投资回收情况

系统形式	燃煤锅炉+分体式空调	燃油锅炉+分体式空调	燃气锅炉+分体式空调	集中供热+分体式空调	热泵型分体式空调	中央空调	吸收式热泵+A公司集热器	吸收式热泵+B公司集热器
设备初投资	1186816	1194816	1254816	690816	690816	573600	17020000	14240000
1 年运行费用	2556736	3411176	2566976	636244	956993	840680	960322	992460
1 年维护费用	133622	133622	133622	103622	103622	60000	180000	180000
2 年运行费用	5113472	6822352	5133952	1272488	1913986	1681360	1920644	1984920
2 年维护费用	267244	267244	267244	207244	207244	120000	360000	360000
3 年运行费用	7670208	10233528	7700928	1908732	2870979	2522040	2880966	2977380
3 年维护费用	400866	400866	400866	310866	310866	180000	540000	540000
4 年运行费用	10226944	13644704	10267904	2544976	3827972	3362720	3841288	3969840
4 年维护费用	534488	534488	534488	414488	414488	240000	720000	720000
5 年运行费用	12783680	17055880	12834880	3181220	4784965	4203400	4801610	4962300
5 年维护费用	668110	668110	668110	518110	518110	300000	900000	900000
6 年运行费用	15340416	20467056	15401856	3817464	5741958	5044080	5761932	5954760
6 年维护费用	801732	801732	801732	621732	621732	360000	1080000	1080000

系统形式	燃煤锅炉+分体式空调	燃油锅炉+分体式空调	燃气锅炉+分体式空调	集中供热+分体式空调	热泵型分体式空调	中央空调	吸收式热泵+A公司集热器	吸收式热泵+B公司集热器
7 年运行费用	17897152	23878232	17968832	4453708	6698951	5884760	6722254	6947220
7 年维护费用	935354	935354	935354	725354	725354	420000	1260000	1260000
8 年运行费用	20453888	27289408	20535808	5089952	7655944	6725440	7682576	7939680
8 年维护费用	1068976	1068976	1068976	828976	828976	480000	1440000	1440000
9 年运行费用	23010624	30700584	23102784	5726196	8612937	7566120	8642898	8932140
9 年维护费用	1202598	1202598	1202598	932598	932598	540000	1620000	1620000
10 年运行费用	25567360	34111760	25669760	6362440	9569930	8406800	9603220	9924600
10 年维护费用	1336220	1336220	1336220	1036220	1036220	600000	1800000	1800000
1 年总费用	3877174	4739614	3955414	1430682	1751431	1474280	18160322	15412460
2 年总费用	6567532	8284412	6656012	2170548	2812046	2374960	19300644	16584920
3 年总费用	9257890	11829210	9356610	2910414	3872661	3275640	20440966	17757380
4 年总费用	11948248	15374008	12057208	3650280	4933276	4176320	21581288	18929840
5 年总费用	14638606	18918806	14757806	4390146	5993891	5077000	22721610	20102300
6 年总费用	17328964	22463604	17458404	5130012	7054506	5977680	23861932	21274760
7 年总费用	20019322	26008402	20159002	5869878	8115121	6878360	25002254	22447220
8 年总费用	22709680	29553200	22859600	6609744	9175736	7779040	26142576	23619680
9 年总费用	25400038	33097998	25560198	7349610	10236351	8679720	27282898	24792140
10 年总费用	28090396	36642796	28260796	8089476	11296966	9580400	28423220	25964600
10 - 15 年设备初投资	1780224	1792224	1882224	828979.2	828979.2	573600	17020000	14240000
11 年运行费用	28124096	37522936	28236736	6998684	10526923	9247480	10563542	10917060
11 年维护费用	1469842	1469842	1469842	1139842	1139842	660000	1980000	1980000
12 年运行费用	30680832	40934112	30803712	7634928	11483916	10088160	11523864	11909520
12 年维护费用	1603464	1603464	1603464	1243464	1243464	720000	2160000	2160000
13 年运行费用	33237568	44345288	33370688	8271172	12440909	10928840	12484186	12901980
13 年维护费用	1737086	1737086	1737086	1347086	1347086	780000	2340000	2340000
14 年运行费用	35794304	47756464	35937664	8907416	13397902	11769520	13444508	13894440
14 年维护费用	1870708	1870708	1870708	1450708	1450708	840000	2520000	2520000
15 年运行费用	38351040	51167640	38504640	9543660	14354895	12610200	14404830	14886900
15 年维护费用	2004330	2004330	2004330	1554330	1554330	900000	2700000	2700000
11 年总费用	31374162	40785002	31588802	8967505.2	12495744	10481080	29563542	27137060

系统形式	燃煤锅炉+分体式空调	燃油锅炉+分体式空调	燃气锅炉+分体式空调	集中供热+分体式空调	热泵型分体式空调	中央空调	吸收式热泵+A公司集热器	吸收式热泵+B公司集热器
12 年总费用	34064520	44329800	34289400	9707371.2	13556359	11381760	30703864	28309520
13 年总费用	36754878	47874598	36989998	10447237	14616974	12282440	31844186	29481980
14 年总费用	39445236	51419396	39690596	11187103	15677589	13183120	32984508	30654440
15 年总费用	42135594	54964194	42391194	11926969	16738204	14083800	34124830	31826900

注：1. 相同方案年运行费用和年维护费用分别相同，表中数据为累加值；

2. 不同方案前 10 年设备投资为表中第二行数据，10～15 年设备投资估算时，考虑到设备折旧或完全报废情况，如锅炉需对耐压易腐部件锅筒、水冷壁和集箱等进行更换，锅炉辅机不必完全更换，太阳能集热器需更新替代。

表 8 - 3 燃煤锅炉报价 （万元）

序号	名 称	规格型号	数 量	单 价	金 额	备注
1	锅炉主体	DZL2.8 - 1.0/95/70 - AⅡ	1 台		15.5	
2	鼓风机	No6.4A	1 台			
3	引风机	No7.1C	1 台			
4	上煤机	QGS - 4	1 台			
5	除渣机	GBC - 4B	1 台			
6	除尘器	STC4 - Ⅱ	1 台		9.3	
7	循环水泵	IS100 - 80 - 200	1 台			
8	软化水设备	全自动	1 台			
9	电控柜	RB - SM - 4	1 台			
10	减速机	MWL - 60	1 台			
11	仪表阀门	配套	1 套			
合计	（人民币大写）贰拾肆万捌仟元整				￥：248000 元（RMB）	

表 8 - 4 燃气锅炉报价 （万元）

序号	名 称	规格型号	数量	单价	金额	备注
1	锅炉主体	WNS2.8 - 1.0/95/70 - Q	1 台		11.2	
2	燃烧器	利雅路 RIELLO	1 台		11.5	
3	辅机	包括仪表阀门，循环水泵 1 台	1 套		5.5	
合计	（人民币大写）贰拾捌万贰仟元整				￥：282000 元（RMB）	

表 8 – 5   燃油锅炉报价   （万元）

序号	名　称	规格型号	数量	单价	金　额	备注
1	锅炉主体	WNS2.8 – 1.0/95/70 – Y	1 台		11.2	
2	燃烧器	利雅路 RIELLO	1 台		8.5	
3	辅机	包括仪表阀门，循环水泵 1 台	1 套		5.5	
合计		（人民币大写）贰拾伍万贰仟元整		￥：252000 元（RMB）		

8.3   小结

对于给定的几种用能方案，本章分别从设备初投资、年运行费用、年维护费用和设备寿命等几方面进行了详细的对比分析，为相关用能方案的选取提供依据。